U0344580

民族文字出版专项资金资助项目

羚羚带你看科技（汉藏对照）

ལིན་ལིན་གྱིས་ཁྱེད་རང་སྣེ་ཁྲིད་ནས་ཚན་རྩལ་ལ་ལྟ་རུ་འགྲོ་བ། （རྒྱ་བོད་ཤན་སྦྱར）

卞曙光 主编

པིན་ཧྲུའུ་ཀོང་གིས་གཙོ་སྒྲིག་བྱས།

环境与资源

ཁོར་ཡུག་དང་ཐོན་ཁུངས།

杨义先 钮心忻 编著

དབྱང་དབྱི་ཞན་དང་ཉིའུ་ཞིན་ཞིན་གྱིས་སྒྲིག་རྩོམ་བྱས།

索南扎西 译

བསོད་ནམས་བཀྲ་ཤིས་ཀྱིས་བསྒྱུར།

青海人民出版社

图书在版编目（CIP）数据

环境与资源 : 汉藏对照 / 杨义先，钮心忻编著 ; 索南扎西译. -- 西宁 : 青海人民出版社，2023.10
（羚羚带你看科技 / 卞曙光主编）
ISBN 978-7-225-06555-7

Ⅰ. ①环… Ⅱ. ①杨… ②钮… ③索… Ⅲ. ①环境科学－青少年读物－汉、藏②资源科学－青少年读物－汉、藏 Ⅳ. ①X-49②P96-49

中国国家版本馆CIP数据核字(2023)第126550号

总 策 划　王绍玉
执行策划　田梅秀
责任编辑　田梅秀　梁建强　索南卓玛　拉青卓玛
责任校对　马丽娟
责任印制　刘　倩　卡杰当周
绘　　图　安　宁　等
设　　计　王薯聿　郭廷欢

羚羚带你看科技
卞曙光　主编
环境与资源（汉藏对照）
杨义先　钮心忻　编著
索南扎西　译

出 版 人　樊原成
出版发行　青海人民出版社有限责任公司
西宁市五四西路 71 号　邮政编码：810023　电话：（0971）6143426（总编室）
发行热线　（0971）6143516/6137730
网　　址　http://www.qhrmcbs.com
印　　刷　青海雅丰彩色印刷有限责任公司
经　　销　新华书店
开　　本　880mm×1230mm　1/16
印　　张　6.5
字　　数　100 千
版　　次　2023 年 10 月第 1 版　2023 年 10 月第 1 次印刷
书　　号　ISBN 978-7-225-06555-7
定　　价　39.80 元

《羚羚带你看科技》编辑委员会

དཀར་ཆག

引　言

ཀློང་གཞི།

在人类进化的长河中，环境与资源对于人类生活的重要意义从未改变，甚至是人类的生存之本，也是高科技的必争之地。更重要的是，如今的环境与资源科学早已今非昔比了，从时间上看，既要考虑现在，还要考虑过去，更要在过去和现在的基础上思考将来；从空间上看，既要考虑地面和地下，也要考虑深海和上空，甚至还要考虑月亮、火星和太阳等地球之外的天体；从尺度上看，小到原子、大到宇宙无所不包，慢到地质演变、快到光速穿梭无所不涉。每一次的突破，每分每秒都在改变着我们对于这个地球的认知：具有我国自主知识产权的“地球系统数值模拟装置”在北京怀柔落成，可完整实现地球系统的数值模拟，其规模及综合水平居世界前列；我国在水深1225米的南海神狐海域，成功试采了可燃冰，使我国成为全球首个采用水平井钻采技术试采海底可燃冰的国家；我国首次环球海洋综合科考任务终于顺利完成，开启了我国深海和远海科考的历史新篇章；我国第一个南极内陆科考站——昆仑站在南极内陆冰盖最高点（冰穹A）的西南方向约7.3公里处建成，是人类南极科考史上的又一个里程碑；我国科学家首次发现了距今约1.6亿年的带羽毛恐龙——赫氏近鸟龙化石，它也是迄今发现最早的带羽毛恐龙化石，代表了鸟类起源研究的一个重大突破……一项项科研成果，将我们带进了一个精妙的世界中，揭示着地球的变化，展示着中国在环境和资源方面的科研实力与魅力，也为改善人类生存环境、建设一个清洁低碳的生态地球，贡献着中国力量和中国智慧。

མིའི་རིགས་འཕེལ་འགྱུར་བྱུང་བའི་ཆུ་རྒྱུན་རིང་མོའི་ཁྲོད་དུ། ཁོར་ཡུག་དང་ཐོན་ཁུངས་ཀྱིས་མིའི་རིགས་ཀྱི་འཚོ་བའི་ཐད་ལ་དོན་སྙིང་གལ་ཆེན་ལྡན་པ་ནི་དུས་རྣམ་ཀུན་ཏུ་འགྱུར་བ་མེད་པ་དང་། ཐ་ན་མིའི་རིགས་འཚོ་གནས་བྱེད་པའི་རྩ་བ་ཡིན་པར་མ་ཟད། ཚན་རྩལ་གྱི་མཐོ་གནས་བརྩོན་ལེན་བྱེད་ས་ཞིག་ཀྱང་ཡིན། དེ་ལས་ཀྱང་གལ་ཆེ་བ་ཞིག་ནི། ད་ལྟའི་ཁོར་ཡུག་དང་ཐོན་ཁུངས་ཚན་རིག་ནི་སྔོན་ཆད་དང་བསྡུར་ཐབས་མེད་ཅིང་། དུས་ཚོད་ཀྱི་ངོས་ནས་བལྟས་ན། ད་ལྟའི་གནས་བབ་ལ་བསམ་བློ་གཏོང་དགོས་ལ། མ་འོངས་པར་ཡང་བསམ་བློ་གཏོང་དགོས་ཤིང་། ལྷག་པར་དུ་སྔོན་ཆད་དང་ད་ལྟའི་རྒྱང་གཞིར་སྟེང་ནས་འབྱུང་འགྱུར་ལ་བསམ་བློ་གཏོང་དགོས། བར་སྟོང་གི་ངོས་ནས་བལྟས་ན། ས་ངོས་དང་ས་འོག་ལ་བསམ་བློ་གཏོང་དགོས་ལ། མཚོ་གཏིང་དང་མཁའ་དབྱིངས་ལའང་བསམ་བློ་གཏོང་དགོས་པ་དང་། ཐ་ན་ཟླ་བ་དང་མིག་དམར། ཉི་མ་སོགས་སའི་གོ་ལའི་ཕྱི་རོལ་གྱི་གནམ་གཟུགས་ལའང་བསམ་བློ་གཏོང་དགོས། ཚད་གཞིའི་ངོས་ནས་བལྟས་ན། ཆུང་ས་ནས་མ་རྡུལ་དང་ཆེ་ས་ནས་སའི་གོ་ལ་བར་གྱི་མ་ལུས་པ་ཀུན་དང་། དལ་ས་ནས་ས་གཤིས་འཕོ་འགྱུར་དང་མགྱོགས་ས་ནས་འོད་ཀྱི་མྱུར་ཚད་བར་དུ་མ་འདུས་པ་གཅིག་ཀྱང་མེད། ཐེངས་རེ་རེའི་ཐོད་རྒྱལ་ཁྲོད་དུ་སྐར་ཆ་རེ་རེའི་ནང་དུའང་ང་ཚོས་སའི་གོ་ལའི་ངོས་འཛིན་ལ་འགྱུར་ལྡོག་གཏོང་བཞིན་ཡོད་པ་སྟེ། རང་རྒྱལ་གྱི་རང་བདག་ཤེས་བྱའི་

ཐོན་དངོས་བདག་དབང་ལྡན་པའི"སའི་གོ་ལའི་མ་ལག་གྲངས་ཐང་ལད་ཟློས་སྒྲིག་ཆས"པེ་ཅིན་ཧྲོའི་རོའུ་ནས་ལེགས་གྲུབ་བྱུང་བས། སའི་གོ་ལའི་མ་ལག་གྲངས་ཐང་ལད་ཟློས་ཆ་ཚང་མངོན་འགྱུར་བྱེད་ཐུབ་པ་དང་། དེའི་གཞི་ཁྲོན་དང་ཕྱོགས་བསྡུས་ཆུ་ཚད་འཛམ་གླིང་གི་མདུན་གྲལ་དུ་སླེབས་ཡོད། རང་རྒྱལ་གྱི་ཆུའི་གཏིང་ཚད་སྨི1225ཡོད་པའི་ལྗོ་རྒྱ་མཚོའི་ཧྲིན་ཏུའུ་མཚོ་ཁོངས་སུ། རྒྱལ་ཁབའི་ངང་འབར་ཐུབ་པའི་འཁྲུགས་དར་སྔོག་འདོན་བྱས་པས། རང་རྒྱལ་ནི་གོ་ལ་ཧྲིལ་པོའི་ཆུ་ངོས་མཉམ་པའི་ཁྲོན་འབིག་ལག་རྩལ་སྤྱད་ནས་མཚོ་གཏིང་གི་འབར་ཐུབ་པའི་འཁྲུགས་དར་ཚོད་འདོན་བྱེད་ཐུབ་པའི་རྒྱལ་ཁབ་ཐོག་མ་དེ་གྱུར་ཡོད། རང་རྒྱལ་གྱི་སའི་གོ་ལ་སྐོར་བའི་རྒྱ་མཚོའི་ཕྱོགས་བསྡུས་ཚན་རིག་ཧྲོག་ཞིབ་ལས་འགན་ཐོག་མར་བདེ་བླག་ངང་ལེགས་གྲུབ་བྱུང་བས། རང་རྒྱལ་གྱི་མཚོ་གཏིང་དང་རྒྱ་མཚོ་ཚན་རིག་ཧྲོག་ཞིབ་ལོ་རྒྱུས་ཀྱི་ལེའུ་གསར་བ་ཞིག་གི་མགོ་ཚུགས་ཡོད། རང་རྒྱལ་གྱི་ལྗོ་སྟེའི་སྐམ་སའི་ཚན་རིག་ཧྲོག་ཞིབ་ས་ཚོགས་དང་པོ་སྟེ། ཁུ་ནུ་ས་ཚོགས་ནི་ལྗོ་སྟེའི་སྐམ་སའི་འཁྲུགས་ཁེབས་མཐོ་ཤོས(འཁྲུགས་ཆུངA)ཀྱི་ལྗོ་ནུབ་ཕྱོགས་ཀྱི་སྤྱི་ལེ7.3ཙམ་གྱི་སར་བསྐྲུན་པ་དེ་ནི་མིའི་རིགས་ཀྱི་ལྗོ་སྟེའི་ཚན་རིག་ཧྲོག་ཞིབ་ལོ་རྒྱུས་སྟེང་གི་མཚོན་རྟགས་རྗེ་རིང་གཞན་ཞིག་ཡིན་པ་དང་། རང་རྒྱལ་གྱི་ཚན་རིག་པ་རྣམས་ཀྱིས་ད་ལྟའི་བར་གྱི་ལོ་དུང་ཕྱུར1.6ཙམ་གྱི་སྲུ་སྒྲོའི་སྲིན་འབྲུག་སྟེ་ཧེ་ཧྲེ་ཡི་བྱིའུ་འབྲུག་གི་འགྱུར་རྗེ་ཐོག་མར་རྙེད་པ་དང་། དེ་ནི་ད་ལྟའི་བར་དུ་རྙེད་པའི་ཆེས་སྔ་བའི་སྲུ་སྒྲོའི་སྲིན་འབྲུག་གི་འགྱུར་རྗེ་ཡིན་པར་མ་ཟད། འདབ་ཆགས་ཀྱི་འབྱུང་ཁུངས་ཞིབ་འཇུག་གི་འགག་སྒྲོལ་གལ་ཆེན་ཞིག་ཡིན་པའང་མཚོན་ཡོད། ཚན་རིག་ཞིབ་འཇུག་གི་གྲུབ་འབྲས་རེ་རེས་ང་ཚོར་ངོ་མཚར་གྱི་འཛིག་རྟེན་ཞིག་ཏུ་ཁྲིད་ནས་སའི་གོ་ལའི་འགྱུར་ལྡོག་གསལ་པོར་བསྟན་པ་དང་། ཁོར་ཡུག་དང་ཐོན་ཁུངས་ཐད་ཀྱི་གྲུང་གོའི་ཚན་ཞིབ་དངོས་ཤུགས་དང་འགུག་ཤུགས་མངོན་པར་མཚོན་ཞིང་། མིའི་རིགས་ཀྱི་འཚོ་གནས་ཁོར་ཡུག་ཇེ་ལེགས་སུ་གཏོང་བ་དང་དྭངས་གཙང་ནྭན་ཞུང་གི་སྐྱེ་ཁམས་སའི་གོ་ལ་ཞིག་བསྐྲུན་པར་ཀྲུང་གོའི་སྟོབས་ཤུགས་དང་ཀྲུང་གོའི་བློ་གྲོས་ལེགས་སྐྱེས་སུ་ཕུལ་ཡོད།

01 一氧化碳合成蛋白质

དབྱང་གཅིག་སྣག་རྫས་འདྲེས་སྦྱར་གྱི་དཀར་རྫས།

据2021年10月30日的《科技日报》报道，我国科学家在全球首次实现了从一氧化碳到蛋白质的规模化合成，并已形成万吨级工业产能，而且在工业化条件下的合成率高达创世界纪录的85%。这不但突破了天然蛋白质植物合成的时空限制，还实质性地推进了长期以来被国际学术界认为是影响人类文明发展和对生命现象认知的革命性前沿科学技术，更为确保我国的国家安全提供了一大利器。

比如，若以该方法生产1000万吨蛋白质，就相当于获得了2800万吨大豆的蛋白质含量，从而为“不与人争粮、不与粮争地”开辟了一条低成本的非传统动植物资源生产新途径，还能减排二氧化碳2.5亿吨。既节约了资源，又增加了能源，还保护了环境，真可谓一举多得。

实际上，该成果以含一氧化碳、二氧化碳的工业尾气和氨水等废料为主要原料，“无中生有”地制造了新型蛋白资源乙醇梭菌蛋白，实现了氮和碳从无机到有机的神奇转变，完成了从0到1的创新，具有完全自主知识产权。

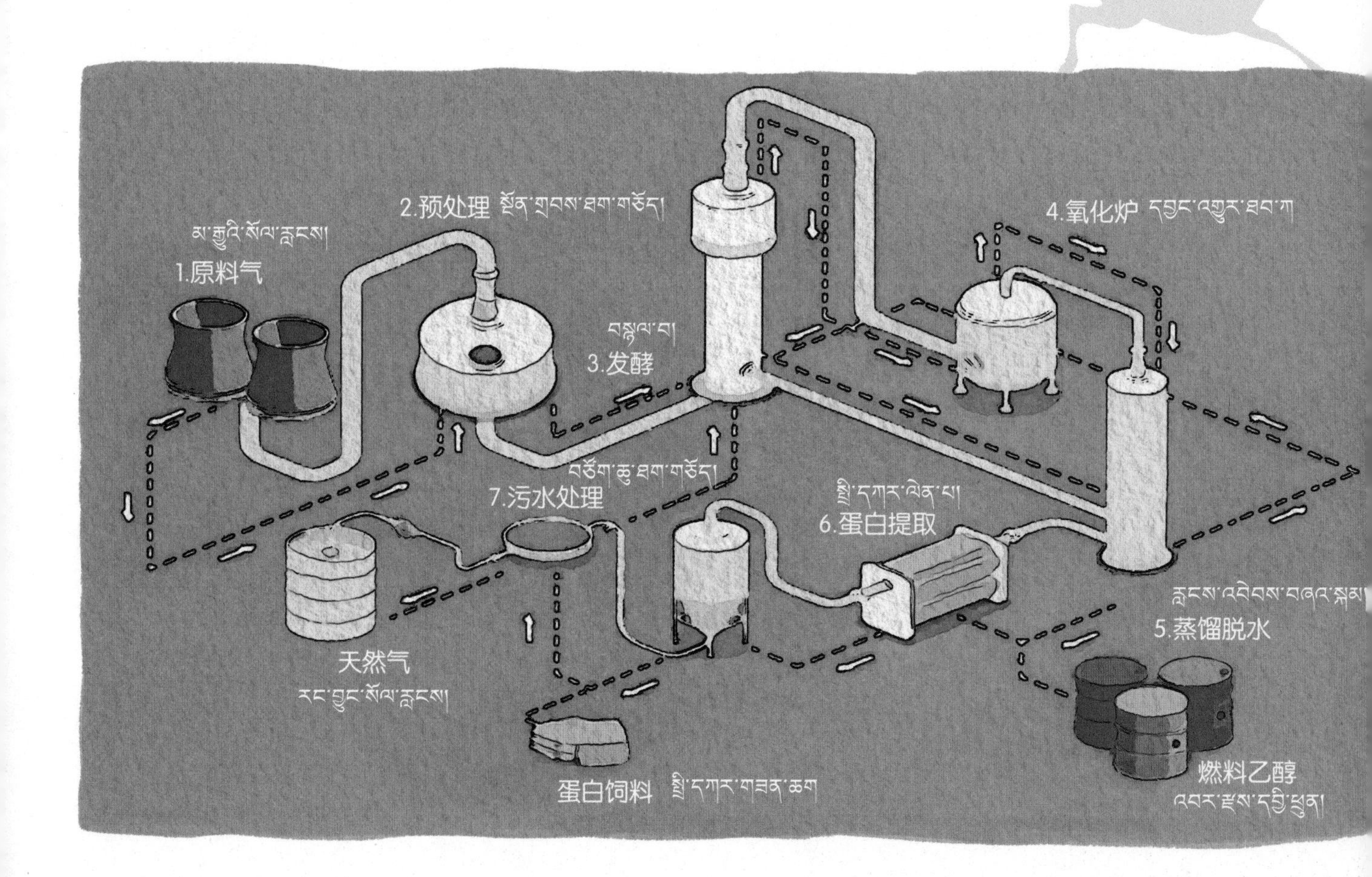

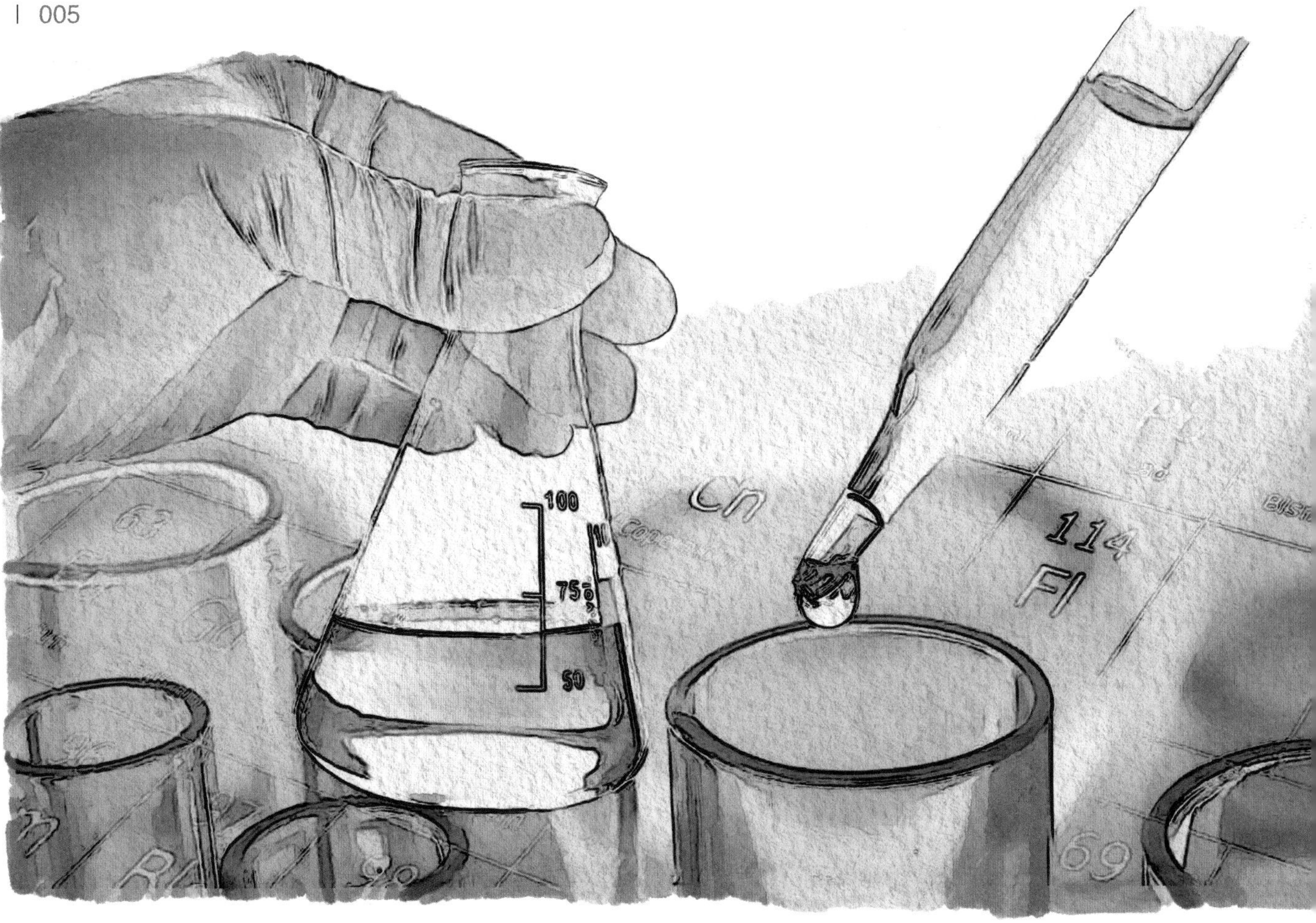

2021ལོའི་ཟླ་10པའི་ཚེས་30ཉིན་གྱི《ཚན་རྩལ་ཉིན་རེའི་ཚགས་པར》སྟེང་དུ་སྤེལ་བའི་གནས་ཚུལ་ལྟར་ན། རང་རྒྱལ་གྱི་ཚན་རིག་པས་གོ་ལ་ཧྲིལ་པོར་དབྱུང་གཅིག་སྣན་འགྱུར་ནས་སྤྲི་དཀར་གཞི་ཁྲོན་ཅན་གྱི་འདྲེས་སྦྱོར་ཐོག་མར་མངོན་འགྱུར་བྱུང་བ་དང་། དུས་མཚུངས་སུ་ཏུན་ཁྲི་རིམ་པའི་བཟོ་ལས་ཐོན་ནུས་ཆགས་པར་མ་ཟད། བཟོ་ལས་ཅན་གྱི་ཆ་རྐྱེན་འོག་གི་འདྲེས་སྦྱོར་བྱེད་ཚད་འཛམ་གླིང་གི་ཟིན་ཐོའི85%ཟིན། འདིས་རང་བྱུང་སྤྲི་དཀར་རྩི་ཤིང་འདྲེས་སྦྱོར་གྱི་ཡུལ་དུས་ཀྱི་ཚོད་འཛིན་ལས་བརྒལ་བ་དང་། ད་དུང་དུས་ཡུན་རིང་པོར་རྒྱལ་སྤྱིའི་རིག་གཞུང་ལས་རིགས་ཀྱིས་མིའི་རིགས་ཀྱི་ཤེས་དཔལ་འཕེལ་རྒྱས་ལ་ཤུགས་རྐྱེན་ཐེབས་པ་དང་། ཚེ་སྲོག་གི་སྣང་ཚུལ་ཤེས་རྟོགས་བྱུང་བའི་གསར་བརྗེའི་རང་བཞིན་གྱི་ཚན་རིག་ལག་རྩལ་གསར་ཤོས་ཤིག་ཡིན་པར་ངོས་འཛིན་བྱས་ཏེ། རང་རྒྱལ་གྱི་རྒྱལ་ཁབ་བདེ་འཛུགས་འགན་ལེན་བྱེད་པར་མཚོན་ཆ་ཆེན་པོ་ཞིག་མགོ་འདོན་བྱས་ཡོད།

དཔེར་ན། བྱེད་ཐབས་འདི་ལ་བརྟེན་ནས་སྤྲི་དཀར་ཏུན་ཁྲི1000ཐོན་སྐྱེད་བྱས་ན། སྨན་ཆེན་ཏུན་ཁྲི2800ཡི་སྤྲི་དཀར་འདུས་ཚད་དང་གཅིག་མཚུངས་ཡིན་པས། "མི་དང་འབྲུ་རིགས་འཐོག་སྟོད་མི་བྱེད་པ་དང་། འབྲུ་དང་ས་ཞིང་འཐོག་སྟོད་མི་བྱེད་པར"མ་གནས་དམའ་ཞིང་སྲོལ་རྒྱུན་མ་ཡིན་པའི་སྲོག་ཆགས་དང་རྩི་ཤིང་གི་ཐོན་ཁུངས་ཐོན་སྐྱེད་བྱེད་པའི་ཐབས་ལམ་གསར་པ་ཞིག་བཏོད་པ་དང་། དབྱུང་གཉིས་སྣན་རྫས་ཏུན་དུང་ཕྱུར2.5གཏོང་ཚད་ཉུང་འཕྲི་བྱེད་ཐུབ་པས། ཐོན་ཁུངས་གྲོན་ཆུང་བྱས་པའི་དུས་མཚུངས་སུ་ནུས་ཁུངས་ཇེ་མང་དུ་ཕྱིན་པར་མ་ཟད། ཁོར་ཡུག་ཀྱང་སྲུང་སྐྱོབ་བྱས་པས་དངོས་གནས་གཅིག་གོ་མང་ཚོད་ཡིན་ནོ། །

དོན་དངོས་སུ་གྲུབ་འབྲས་འདིས་དབྱུང་གཅིག་སྣན་རྫས་དང་དབྱུང་གཉིས་སྣན་རྫས་འདུས་པའི་བཟོ་ལས་ཀྱི་མཇུག་རྫས་དང་ཨན་ཆུ་སོགས་སླིགས་རོ་རྒྱུ་ཆ་གཙོ་བོར་བྱས་པ་དང་། "གཞི་མེད་སྒྲོ་འདོགས"ཀྱིས་སྤྲི་དཀར་ཐོན་ཁུངས་གསར་པའི་དབྱེ་ཕྱུན་འབྲུ་ཕྲའི་སྤྲི་དཀར་བཟོས་པས། ཏན་དང་སྣན་སྐྱེ་མེད་ནས་སྐྱེ་ལྡན་བར་གྱི་ངོ་མཚར་ཆེ་བའི་འགྱུར་ལྡོག་མངོན་འགྱུར་བྱུང་བ་དང་། 0ནས1བར་གྱི་གསར་གཏོད་ལེགས་གྲུབ་བྱུང་བས། རང་བདག་ཤེས་བྱའི་ཐོན་དངོས་བདག་དབང་ཆ་ཚང་ལྡན་ནོ། །

02 地球系统数值模拟装置

སའི་གོ་ལའི་མ་ལག་གི་གྲངས་ཐང་ལད་ཟློས་སྒྲིག་ཆས།

2021年6月23日，国家重大科技基础设施“地球系统数值模拟装置”在北京怀柔落成。这是我国研制的首个具有自主知识产权的地球系统模拟大科学装置。它以地球系统各圈层数值模拟软件为核心，基于软件和硬件的良好协同，完整实现了地球系统的数值模拟，其规模及综合水平居世界前列。

地球系统模拟装置，又称“地球模拟实验室”，即以地球系统观测数据为基础，利用描述地球系统的物理、化学和生命过程及其演化的规律在超级计算机上进行大规模数值科学计算，由此得以重现地球的过去，模拟地球的现在，预测地球的未来。

该装置具备地球表层各圈层的模拟能力，能够全面考虑地球系统的各种过程，尤其是能够全方位关注全球生态和生物地球化学过程及其与气候系统的相互作用，并在此基础上清晰地描述出生态、气温、二氧化碳浓度和碳排放量之间的关系，对温室气体核算和未来升温预估提供合理的模拟，帮助实现“碳达峰碳中和”的愿景。

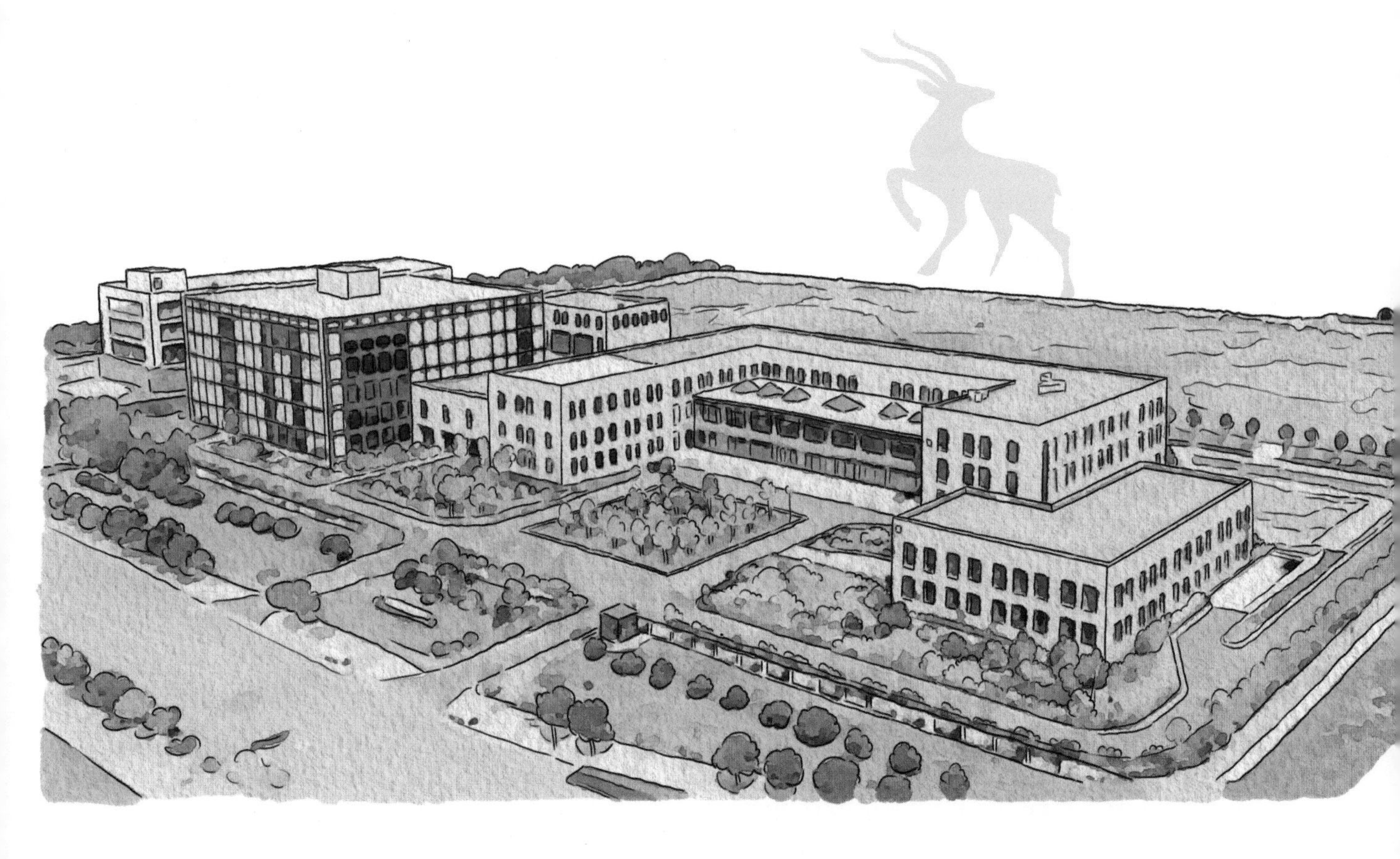

2021ལོའི་ཟླ6པའི་ཚེས23ཉིན། རྒྱལ་ཁབ་ཀྱི་ཚན་རྩལ་རྨང་གཞིའི་སྒྲིག་བཀོད་གལ་ཆེན“སའི་གོ་ལའི་མ་ལག་གི་གྲངས་ཐང་ལད་ཟློས་སྒྲིག་ཆས”པེ་ཅིན་གྱི་ཧྲའེ་རོའུ་རུ་ལེགས་གྲུབ་བྱུང་བ་དང་། དེ་ནི་རང་རྒྱལ་གྱི་ཞིབ་བཟོ་བྱས་པའི་རང་བདག་ཤེས་བྱའི་ཐོན་དངོས་བདག་དབང་ལྡན་པའི་སའི་གོ་ལའི་མ་ལག་གི་ལད་ཟློས་ཚན་རིག་གི་སྒྲིག་ཆས་ཆེན་པོ་ཐོག་མ་ཡིན། དེས་སའི་གོ་ལའི་མ་ལག་གི་འཁོར་རིམ་སོ་སོའི་གྲངས་ཐང་ལད་ཟློས་མཉེན་ཆས་ཀྱི་དཀྱིལ་སྙིང་བཟུང་སྟེ། མཉེན་ཆས་དང་མཁྲེགས་ཆས་ཀྱི་མཐུན་སྦྱོར་ལེགས་པོ་ལ་བརྟེན་ནས་སའི་གོ་ལའི་མ་ལག་གི་གྲངས་ཐང་ལད་ཟློས་ཆ་ཚང་མངོན་འགྱུར་བྱུང་བ་དང་། དེའི་གཞི་ཁྱོན་དང་ཕྱོགས་བསྡུས་ཆུ་ཚད་འཛམ་གླིང་གི་མདུན་གྲལ་དུ་སླེབས་ཡོད།

སའི་གོ་ལའི་མ་ལག་གི་ལད་ཟློས་སྒྲིག་ཆས་ལ“སའི་གོ་ལའི་ལད་ཟློས་ཚོད་ལྟ་ཁང”ཡང་ཟེར། འདི་ནི་སའི་གོ་ལའི་མ་ལག་གི་ལྟ་དཔྱད་གཞི་གྲངས་རྨང་གཞིར་བྱས་ཏེ། སའི་གོ་ལའི་མ་ལག་གི་དངོས་ལུགས་དང་རྣམ་འགྱུར། ཚེ་སྲོག་གི་བརྒྱུད་རིམ་དང་དེའི་རིམ་འགྱུར་གྱི་ཆོས་ཉིད་ཀྱི་རང་བཞིན་བརྗོད་དེ་རིམ་འདས་རྩིས་འཁོར་སྟེང་དུ་གཞི་ཁྱོན་ཆེ་བའི་གྲངས་ཐང་ཚན་རིག་གིས་རྩིས་རྒྱབ་སྟེ། སའི་གོ་ལའི་འདས་པའི་དུས་བསྐྱར་དུ་མངོན་པ་དང་། སའི་གོ་ལའི་ད་ལྟའི་དུས་ལ་ལད་ཟློས་བྱས་ནས་སའི་གོ་ལའི་མ་འོངས་པར་སྔོན་དཔག་བྱེད་པ་ཡིན།

སྒྲིག་ཆས་འདིར་སའི་གོ་ལའི་ཕྱི་ངོས་འཁོར་རིམ་སོ་སོའི་ལད་ཟློས་ནུས་པ་ལྡན་པས་སའི་གོ་ལའི་མ་ལག་གི་བརྒྱུད་རིམ་སྣ་ཚོགས་ལ་ཕྱོགས་ཡོངས་ནས་བསམ་གཞིགས་བྱེད་ཐུབ་པ་དང་། ལྷག་པར་དུ་གོ་ལ་ཧྲིལ་པོའི་སྐྱི་ཁམས་དང་སྐྱི་དངོས་སའི་གོ་ལའི་རྣམ་འགྱུར་བརྒྱུད་རིམ་དང་། དེ་བཞིན་འདི་ཉིད་དང་གནམ་གཤིས་མ་ལག་བར་གྱི་ཕན་ཚུན་ནུས་པར་ཕྱོགས་ཡོངས་ནས་དོ་ཁུར་བྱེད་ཐུབ་པར་མ་ཟད། རྨང་གཞི་འདིའི་སྟེང་དུ་སྐྱི་ཁམས་དང་དྲོད་ཚད། དབྱང་གཉིས་ཐན་འགྱུར་གྱི་གར་ཚད། ཐན་འབུད་གཏོང་བཅས་བར་གྱི་འབྲེལ་བ་གསལ་པོར་བརྗོད་ནས། དྲོད་ཁང་རླངས་གཟུགས་ཀྱི་ཞིབ་རྩིས་དང་མ་འོངས་པའི་དྲོད་ཚད་འཕར་ཚད་ལ་ཚོད་དཔག་དང་ལུགས་མཐུན་གྱི་ལད་ཟློས་འདོན་སྤྲོད་བྱས་ཏེ། “ཐན་རྩེར་སླེབས་དང་ཐན་སྙོམས་སྦྱོར”གྱི་ཕུགས་འདུན་མངོན་འགྱུར་ཡོང་བར་རོགས་འདེགས་བྱེད་ཐུབ།

03 最早的花
ཆེས་སྔ་བའི་མེ་ཏོག

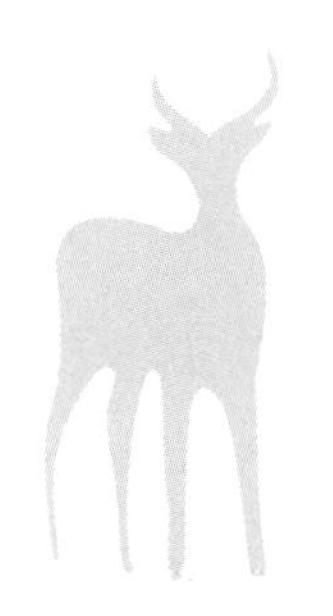

据2021年5月26日的《自然》杂志报道，中国科学家在内蒙古发现了一个植物化石群，其中的硅化植物化石不仅完整保存了植物器官的三维形态，还保存了植物体组织和细胞的细节信息，是古植物学研究的理想材料。果然，通过仔细研究其中保存精美的标本，终于发现了一种类似被子植物（即有花植物），从而证明了被子植物的祖先早在距今约2.5亿年前就已出现。

该结果为什么很重要呢？原来，被子植物是植物界进化度最高、种类最丰富的植物大类群，它们的起源是演化生物学中最重要的科学问题之一。然而，被子植物化石在1亿多年前的白垩纪地层中突然大量出现，似乎与进化论的观点“生物演化是渐进的”相悖。对此，达尔文深感困惑不解，称之为“讨厌之谜”。

如今，中国科学家为被子植物起源之谜提供了关键证据，在一定程度上回答了达尔文的“讨厌之谜”。或者说，被子植物的祖先类群早在距今约2.5亿年前就已出现，并不是在白垩纪才突然出现的，所以并不违背进化论。

2021ལོའི་ཟླ5པའི་ཚེས26ཉིན་གྱི《རང་བྱུང》དུས་དེབ་སྟེང་དུ་སྤེལ་བའི་གནས་ཚུལ་ལྟར་ན། ཀྲུང་གོའི་ཚན་རིག་པས་ནང་སོག་ཏུ་རྩི་ཤིང་གི་འགྱུར་རྡོའི་ཚོགས་པ་ཞིག་རྙེད་པ་དང་། དེའི་ནང་གི་སིལ་འགྱུར་རྩི་ཤིང་གི་འགྱུར་རྡོས་རྩི་ཤིང་གི་དབང་པོའི་རྒྱ་གསུམ་གྱི་རྣམ་པ་ཆ་ཚང་ཉར་ཚགས་བྱས་ཡོད་པར་མ་ཟད། ད་དུང་རྩི་ཤིང་གི་ཕུང་གྲུབ་དང་ཕྲ་ཕུང་གི་ཞིབ་ཕྲའི་ཆ་འཕྲིན་ཉར་ཚགས་བྱས་ཡོད་པས། འདི་ནི་གནའ་བོའི་རྩི་ཤིང་རིག་པའི་ཞིབ་འཇུག་གི་ཕུགས་འདུན་དང་མཐུན་པའི་དཔྱད་གཞི་ཞིག་ཡིན། དོན་དངོས་སུའང་། ཞིབ་འཇུག་ནན་མོ་བྱས་པ་བརྒྱུད་ནས་འདིའི་ནང་དུ་སྲུས་ལེགས་ཀྱི་དངོས་དཔེ་ཉར་ཚགས་བྱས་ཡོད་དེ། མཇུག་མཐར་སོན་བཏུམས་རྩི་ཤིང་དང་འདྲ་བ(མེ་ཏོག་ཡོད་པའི་རྩི་ཤིང)ཞིག་རྙེད་པས། སོན་བཏུམས་རྩི་ཤིང་གི་མེས་པོ་ད་ལྟའི་བར་དུ་ལོ་ཇོ་དུང་ཕྱུར2.5ཡི་སྔོན་ནས་བྱུང་ཡོད་པར་ར་སྤྲོད་བྱས།

མཇུག་འབྲས་འདི་ཅིའི་ཕྱིར་ཏུ་ཅང་གལ་ཆེན་ཡིན་ནམ་ཞེ་ན། དོན་དངོས་སུ་སོན་བཏུམས་རྩི་ཤིང་ནི་རྩི་ཤིང་ཁམས་ཀྱི་འཕེལ་འགྱུར་ཚད་མཐོ་ཤོས་དང་། རིགས་སྣ་ཕུན་སུམ་ཚོགས་ཤོས་ཀྱི་རྩི་ཤིང་གི་བྱེ་ཚོགས་ཆེན་པོ་ཞིག་ཡིན། འདི་དག་གི་འབྱུང་ཁུངས་ནི་རིམ་འགྱུར་སྐྱེ་དངོས་རིག་པའི་ཁྲོད་ཀྱི་ཚན་རིག་གི་གནད་དོན་གལ་ཆེན་ཞིག་ཡིན་ནའང་། སོན་བཏུམས་རྩི་ཤིང་གི་འགྱུར་རྡོ་ནི་ལོ་ཇོ་དུང་ཕྱུར་གཅིག་ལྷག་གི་སྔོན་གྱི་པའི་ཨའོ་དུས་རབས་ཀྱི་ས་རིམ་ཁྲོད་ནས་གློ་བུར་དུ་འབོར་ཆེན་བྱུང་བ་དང་། འཕེལ་འགྱུར་སྨྲ་བའི་ལྟ་བའི"སྐྱེ་དངོས་རིམ་འགྱུར་ནི་རིམ་བཞིན་འཕེལ་བ"དང་འགལ་བ་ཡིན་པས། ཏར་ཝུན་ལ་མགོ་འཐོམས་པའི་ཚོར་སྣང་ཟབ་མོ་བྱུང་ཞིང་། འདིར"སུན་སྣང་གི་གསང་བ"ཞེས་འབོད་པ་ཡིན།

མིག་སྔར། ཀྲུང་གོའི་ཚན་རིག་པས་སོན་བཏུམས་རྩི་ཤིང་གི་འབྱུང་ཁུངས་ཀྱི་གསང་བ་ལ་བདེན་དཔང་གལ་ཆེན་མཁོ་འདོན་བྱས་ཡོད་པ་དང་། ཚད་ངེས་ཅན་ཞིག་གི་སྟེང་ནས་ཏར་ཝུན་གྱི"སུན་སྣང་གི་གསང་བ"ལ་ལན་བཏབ་ཡོད་ཅིང་། ཡང་ན་སོན་བཏུམས་རྩི་ཤིང་གི་མེས་པོའི་རིགས་སྣའི་བྱེ་ཚོགས་ནི་ད་ལྟའི་བར་གྱི་ལོ་ཇོ་དུང་ཕྱུར2.5ཙམ་གྱི་སྔོན་དུ་བྱུང་ཡོད་ཅིང་། དཀར་རག་དུས་རབས་སུ་ད་གཟོད་གློ་བུར་དུ་བྱུང་བ་མིན་པས། འཕེལ་འགྱུར་སྨྲ་བ་དང་འགལ་བ་མེད་དོ། །

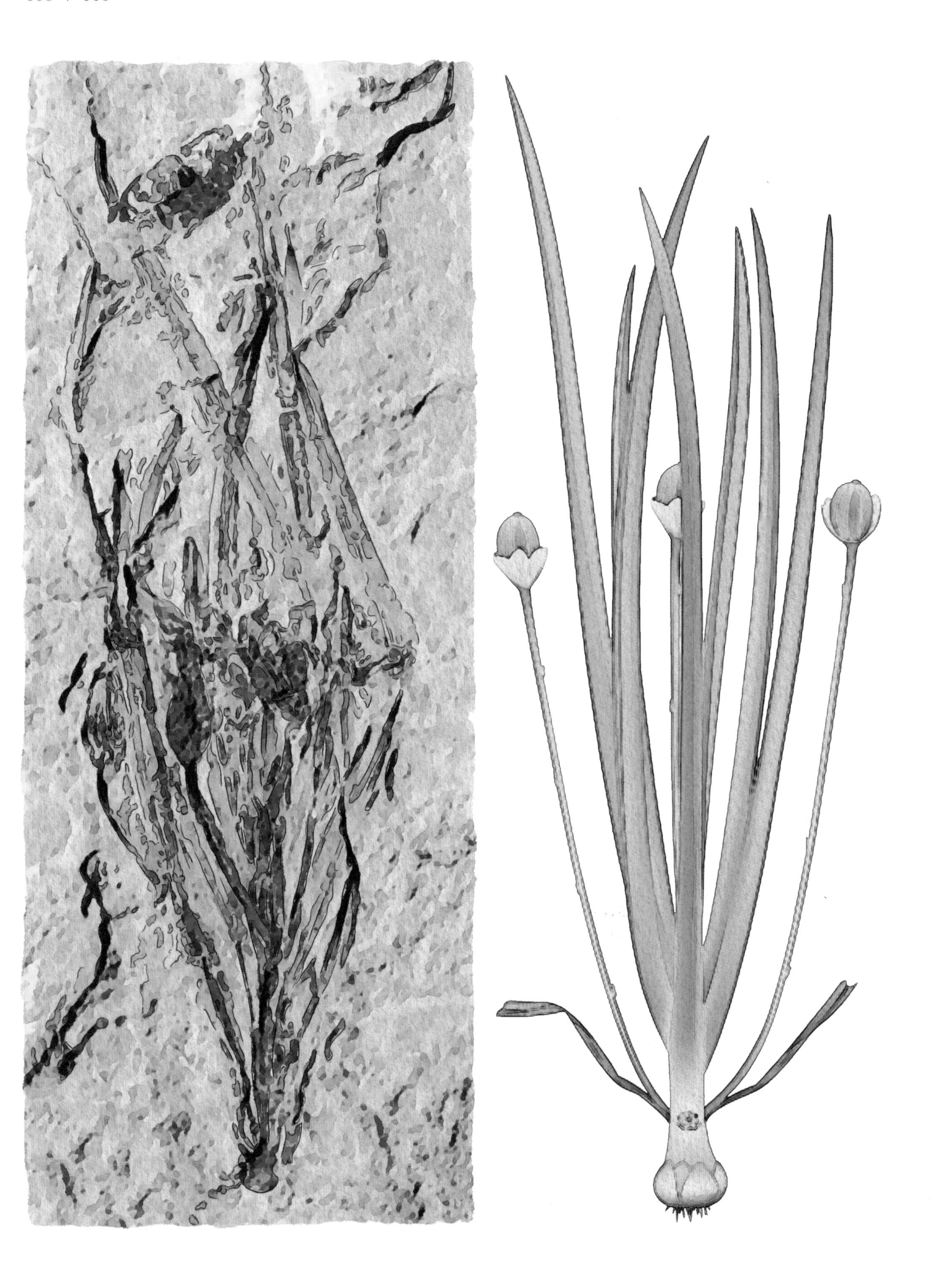

04 植物到动物的功能基因转移

ཚེ་ཤིང་ནས་སྲོག་ཆགས་ཀྱི་བྱེད་ལས་རྒྱུད་རྒྱ་སྤོ་སྒྱུར།

据2021年4月1日的《细胞》杂志封面文章报道，中国科学家惊讶地发现，被联合国粮农组织认定为迄今唯一“超级害虫”的寄生虫烟粉虱，竟有一种类似于借力打力的本领，即它能从其宿主植物那里获得防御性基因。这可是现代生物学诞生以来，人类首次证实的罕见神奇现象哟。

原来，在烟粉虱与植物的共同进化过程中，植物会产生某些有毒的防御物来阻止烟粉虱的侵害。但这些防御物在充当“铠甲”的同时，其过量的表达又不利于植物的生长，于是植物又会利用其他特殊的基因来解毒。但是，大约在3500万年前，烟粉虱巧妙地“盗用”了植物的这种解毒基因，甚至把它变成了自己的基因，就这样，烟粉虱又可以放心大胆地继续享用这些植物了。

烟粉虱具有异乎寻常的“极度多食性”，甚至能啃食600多种植物，因为它早已突破了这些植物的防御体系。难怪，这烟粉虱又是病毒的超级载体，甚至能传播300余种病毒，因为它早已百毒不侵了。大自然确实是太神奇了！

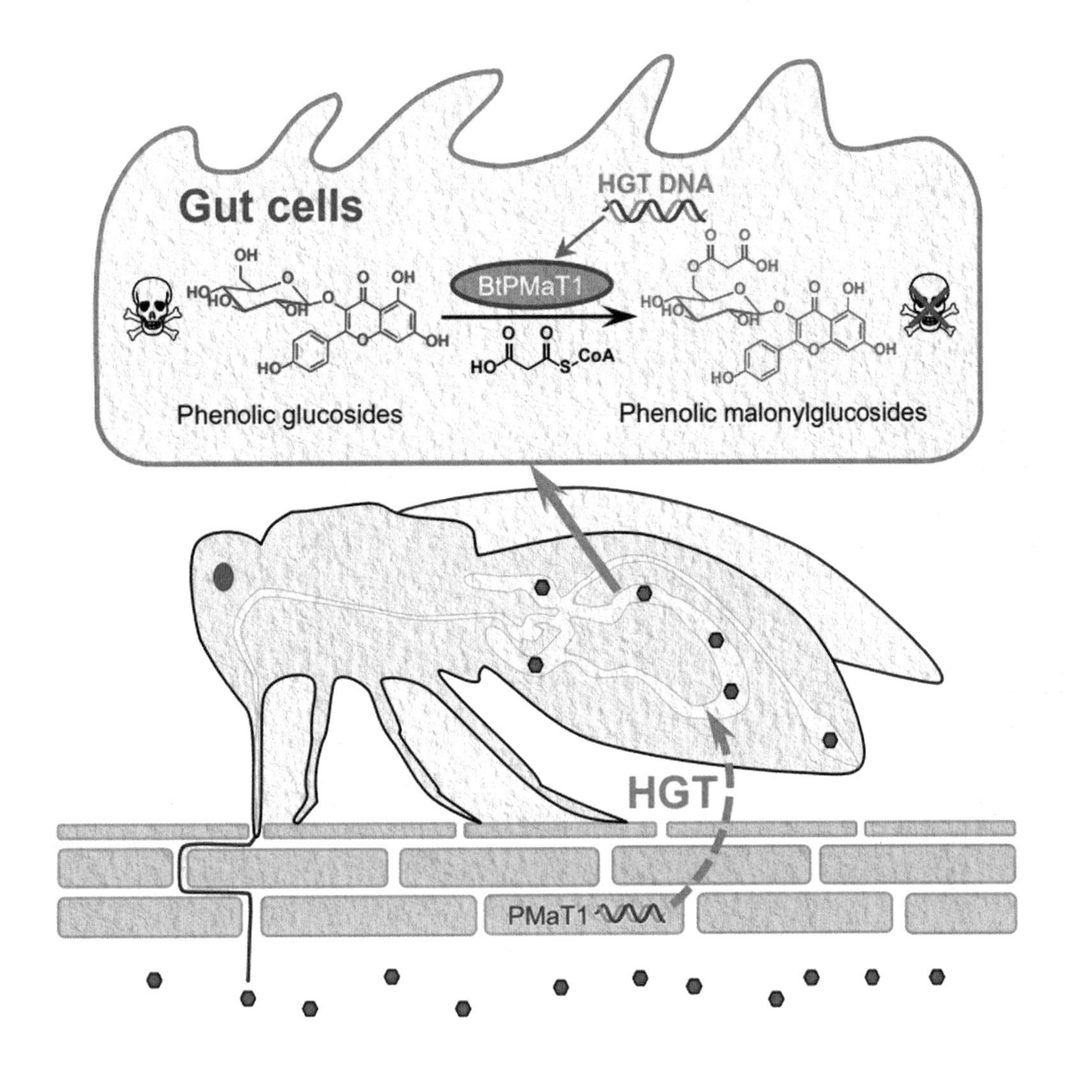

2021ལོའི་ཟླ4པའི་ཚེས1ཉིན་གྱི《ཁྲ་ཕུང》དུས་དེབ་ཀྱི་མདུན་ཤོག་རྩོམ་ཡིག་ནང་དུ་བཀོད་པ་ལྟར་ན། ཀྲུང་གོའི་ཚན་རིག་པས་མཉམ་འབྲེལ་རྒྱལ་ཚོགས་འབྲུ་རིགས་དང་ཞིང་ལས་རྩ་འཛུགས་ཀྱིས་ད་ལྟའི་བར་གྱི“རིམ་འདས་གནོད་འབུ”འབབ་ཞིག་ཡིན་པར་གཏན་ཁེལ་བྱས་པའི་གཞན་བརྟེན་སྲིན་འབུའི་ནད་ཀྱི་དུ་ཕྱེ་ཤིག་ཡོད་པ་དེར་རླུང་བརྟེན་གྲུ་གཏོང་དང་འདྲ་བའི་འཛོན་ཐང་ཞིག་ཡོད་པ་སྟེ། དེས་རྟེན་ཡུལ་གཙོ་བོའི་རྩི་ཤིང་སྟེང་དུ་འགོག་སྲུང་རང་བཞིན་གྱི་རྒྱུད་རྫུ་ཐོབ་ཐུབ་ཅིང་། དེ་ནི་དེང་རབས་སྐྱེ་དངོས་རིག་པ་བྱུང་བ་ནས་བཟུང་། མིའི་རིགས་ཀྱིས་ཐོག་མར་ར་སྤྲོད་བྱས་པའི་མཐོང་དཀོན་པའི་ངོ་མཚར་གྱི་སྣང་ཚུལ་ཞིག་ཡིན།

མ་གཞིར་དུ་ཕྱེ་ཤིག་དང་རྩི་ཤིང་མཉམ་དུ་འཕེལ་འགྱུར་བྱེད་པའི་གོ་རིམ་ཁྲོད་དུ། རྩི་ཤིང་སྟེང་དུ་དུག་ལྡན་འགོག་སྲུང་དངོས་པོ་དུ་མ་བྱུང་ནས་དུ་ཕྱེ་ཤིག་གི་གནོད་འཚེ་འགོག་པ་ཡིན་སོང་། འོན་ཀྱང་འགོག་སྲུང་དངོས་པོ་འདི་དག“གོ་ཁྲབ་བྱེད་པའི”དུས་མཚུངས་སུ། ཚད་ལས་བརྒལ་ན་རྩི་ཤིང་སྐྱེ་བར་མི་ཕན་པས། རྩི་ཤིང་གིས་རྒྱུད་རྫུ་ཁྱད་པར་ཅན་གཞན་དག་སྤྱད་ནས་དུག་སེལ་བྱེད་པ་ཡིན་སོང་། ཕལ་ཆེར་ལོ་ངོ་ཁྲི3500ཡི་སྔོན་དུ། དུ་ཕྱེ་ཤིག་གིས་ཐབས་མཁས་པའི་སྒོས་ནས་རྩི་ཤིང་གི་དུག་སེལ་རྒྱུད་རྫུ་འདི་རིགས“རྐུ་ཁྱེར”བྱས་པ་དང་། ཐ་ན་དེ་ཉིད་རང་གི་རྒྱུད་རྫུར་བསྒྱུར་ཡོད་པས། དུ་ཕྱེ་ཤིག་གིས་ལྷུ་མཐུད་དུ་བློ་བདེ་བོའི་ངང་རྩི་ཤིང་དེ་དག་ལོངས་སུ་སྤྱོད་ཐུབ་བཞིན་ཡོད།

དུ་ཕྱེ་ཤིག་འདི་ལ་ཐུན་མོང་མ་ཡིན་པའི“ཟས་མང་རང་བཞིན”ལྡན་ལ་རྩི་ཤིང་གི་རིགས600ལྷག་བཟའ་ཐུབ། རྒྱུ་མཚན་ནི་འདི་ཉིད་རྩི་ཤིང་དེ་དག་གི་འགོག་སྲུང་མ་ལག་ལས་བརྒལ་ཡོད་པས་ཡིན། དུ་ཕྱེ་ཤིག་འདི་ནི་ནད་དུག་གི་རིམ་འདས་གཞི་རྟེན་ཞིག་ཀྱང་ཡིན་པ་དང་ནད་དུག་གི་རིགས300ལྷག་ཁྱབ་སྤེལ་བྱེད་ཐུབ་ཅིང་། རྒྱུ་མཚན་ནི་འདི་ཉིད་ནད་དུག་གིས་མི་ཟིན་པས་སོ། །རང་བྱུང་ཁམས་ཆེན་མོ་ནི་ངོ་མ་ཡ་མཚན་ཞིག་རེད་ཨང་།

05 东亚人群演化图谱
ཨེ་ཤ་ཡ་ཤར་མའི་མི་ཚོགས་ཀྱི་རིམ་འགྱུར་རི་མོ།

据2021年5月27日的《细胞》杂志报道，中国科学家首次在东亚地区开展了跨度为四万年的大规模人类古基因组研究，首次利用古基因组在适应性方面探究了东亚人群重要表性特征的演化来源，揭示了东亚北部旧石器时代以来距今4万年至3400多年的人群动态遗传历史，并为进一步探索东亚人群与环境的关系提供了重要的遗传学证据。此外，还揭示了自1.1万年以来东亚与东南亚交汇处人群迁徙与互动的历史，填补了两地接壤区域人类古基因组的空白。

原来，旧石器时代晚期，欧亚大陆东部主要生活着三个古人群。一是乌斯特伊希姆人，他们生活在距今4.5万年前的西伯利亚地区，他们几乎没有给现今人群贡献基因；二是田园洞人，他们生活在距今4万年前的北京地区，相比于古代和当今的欧洲人，他们与古代和当今的东亚人及大多数东南亚人和美洲土著人的关系更近；三是雅娜人，他们生活在距今3.16万年前的西伯利亚东北部，他们与今天的欧亚人都有或多或少的基因关系。

2021ལོའི་ཟླ5པའི་ཚེས27ཉིན་གྱི《སྲ་སྦྱང》དུས་དེབ་སྟེང་དུ་སྤེལ་བའི་གནས་ཚུལ་ལྟར་ན། གྲུང་གོའི་ཚན་རིག་པས་ཨེ་ཤ་ཡ་ཤར་མའི་ས་ཁུལ་དུ་ལོ་ངོ་ཁྲི་བཞི་བརྒལ་ཞིང་གཞི་ཁྱོན་ཆེ་བའི་མིའི་རིགས་ཀྱི་གནའ་བོའི་རྒྱུད་རྒྱུ་ཚོགས་པར་ཞིབ་འཇུག་ཐོག་མར་བྱས་པ་དང་། གནའ་བོའི་རྒྱུད་རྒྱུ་ཚོགས་པ་སྐྱུད་དེ་འཁོད་འཚམ་རང་བཞིན་གྱི་ཐད་ནས་ཨེ་ཤ་ཡ་ཤར་མའི་མི་ཚོགས་ཀྱི་མཚོན་རྟགས་རང་བཞིན་གྱི་ཁྱད་ཆོས་གལ་ཆེན་གྱི་རིམ་འགྱུར་འབྱུང་ཁུངས་ལ་འཚོལ་ཞིབ་བྱས་པ་དང་། ཨེ་ཤ་ཡ་ཤར་མའི་བྱང་རྒྱུད་ཀྱི་རྡོ་ཆས་རྙིང་བའི་དུས་རབས་ཚུན་ནས་ད་ལྟའི་བར་ལོ་ཁྲི4ནས3400ལྷག་ཙམ་བར་གྱི་མི་ཚོགས་ཀྱི་འགྱུལ་རྣམ་རྒྱུད་འཛིན་ལོ་རྒྱུས་གསལ་སྟོན་བྱས་པར་མ་ཟད། ཨེ་ཤ་ཡ་ཤར་མའི་མི་ཚོགས་དང་ཁོར་ཡུག་བར་གྱི་འབྲེལ་བར་སུ་མཐུད་དུ་འཚོལ་ཞིབ་བྱེད་པར་རྒྱུད་འཛིན་རིག་པའི་དཔང་རྟགས་གལ་ཆེན་མགོ་འདོན་བྱས་ཡོད། གཞན་ད་དུང་ལོ་ཁྲི1.1ཚུན་གྱི་ཨེ་ཤེ་ཡ་ཤར་མ་དང་ཨེ་ཤ་ཡ་ཤར་ལྷོའི་འབྲེལ་མཚམས་ཀྱི་མི་ཚོགས་གནས་སྤོ་དང་མཉམ་འགྱུལ་གྱི་ལོ་རྒྱུས་གསལ་སྟོན་བྱས་ཏེ། ས་གནས་གཉིས་ཀྱི་འབྲེལ་མཚམས་ས་ཁོངས་ཀྱི་མིའི་རིགས་ཀྱི་གནའ་བོའི་རྒྱུད་རྒྱུའི་ཚོགས་པའི་སྟོང་ཆ་བསྐངས་ཡོད།

མ་གཞིར་རྡོ་ཆས་རྙིང་བའི་དུས་རབས་ཀྱི་དུས་མཇུག་ཏུ། ཡོ་རོབ་དང་ཡ་གླིང་སྐམ་ས་ཆེན་པོའི་ཤར་རྒྱུད་དུ་གནའ་བོའི་མི་ཚོགས་གསུམ་འཚོ་གནས་བྱེད་བཞིན་ཡོད་ཅིང་། གཅིག་ནི་ལྷུའུ་སི་ཐེ་དབྱི་ཤེས་མུའུ་མི་ཡིན་པ་དང་། ཁོ་ཚོ་ནི་ལོ་ངོ་ཁྲི4.5སྔོན་གྱི་ཞི་པོ་ལི་ཡའི་ས་ཁུལ་དུ་འཚོ་བ་རོལ་མོད། ཁོ་ཚོས་ད་ལྟའི་མི་ཚོགས་ལ་རྒྱུད་རྒྱུ་ལེགས་སྐྱེས་ཏ་ལམ་ཅི་ཡང་ཕུལ་མེད། གཉིས་ནི་ཐེན་ཡོན་བྲག་ཕུག་གི་མི་ཡིན་ཞིང་། ཁོ་ཚོ་ནི་ལོ་ངོ་ཁྲི4སྔོན་གྱི་པེ་ཅིན་ས་ཁུལ་དུ་འཚོ་བ་རོལ་བ་དང་། གནའ་རབས་དང་དེང་སྐབས་ཀྱི་ཡོ་རོབ་ཀྱི་མི་དང་བསྡུར་ན། ཁོ་ཚོ་ནི་གནའ་རབས་དང་དེང་སྐབས་ཀྱི་ཨེ་ཤ་ཡ་ཤར་མའི་མི་དང་ཡ་གླིང་ཤར་ལྷོའི་ས་ཁུལ་གྱི་མི་མང་ཆེ་བ། དེ་བཞིན་དུ་མེ་གླིང་གི་ཡུལ་དེ་རང་གི་སྔོད་མིར་འབྲེལ་བ་ལྷག་ཏུ་ཉེ་བ་ཡིན། གསུམ་ནི་ཡ་ནའི་མི་ཡིན་པ་དང་། ཁོ་ཚོ་ལོ་ངོ་ཁྲི3.16སྔོན་གྱི་ཞི་པོ་ལི་ཡའི་བྱང་ཤར་རྒྱུད་དུ་འཚོ་བ་རོལ་བ་དང་། ཁོ་ཚོ་དང་ད་ལྟའི་ཡོ་རོབ་དང་ཡ་གླིང་གི་མི་བར་དུ་རྒྱུད་རྒྱུའི་འབྲེལ་བ་ཉུང་ཙམ་ཡོད།

06 鸟类迁徙密码

འདབ་ཆགས་གནས་སྤོ་གསང་ཡང་།

据2021年3月11日的《自然》杂志封面文章报道，中国科学家以世界上飞行速度最快的猛禽——游隼为研究对象，创新性地运用卫星追踪、基因组测序和神经生物学等跨学科的前沿技术，通过时空动态分析，建立了一套完整的游隼迁徙研究系统，从行为、进化、遗传、生态及气候变化等多角度阐明了北极游隼迁徙路线的形成和变迁的主要历史原因，并首次发现了鸟类长距离迁徙的关键基因，为探索鸟类迁徙开拓了新模式，也为交叉学科的研究提供了新范式。此外，该成果还阐明了现今的维持机制以及未来的变化趋势等。

该成果的研究背景是什么呢？原来，在2005年7月1日，《科学》杂志公布了125个最具挑战性的科学问题。经过若干年的不懈努力，许多问题总算得到了一定程度的解答。比如，本项成果就是在研究这125个问题之一，即迁徙生物如何发现其迁徙路线？该问题一直备受关注，其中，迁徙路线的形成、维持和未来变化趋势，以及迁徙策略的遗传基础等更是研究的热点和难点。

2021ལོའི་ཟླ3པའི་ཚེས11ཉིན་གྱི《རང་བྱུང》དུས་དེབ་ཀྱི་མདུན་ངོས་ཀྱི་མཐུད་ཤོག་རྩོམ་ཡིག་སྟེང་དུ་བཀོད་པ་ལྟར་ན། གྲུང་གོའི་ཚན་རིག་པས་འཛམ་གླིང་སྟེང་དུ་འཕུར་སྐྱོད་མྱུར་ཚད་མགྱོགས་ཤོས་ཀྱི་འདབ་ཆགས་ཏེ་ཡིའུ་སུན་ཞིབ་འཇུག་བྱ་ཡུལ་དུ་བཟུང་ནས། གསར་གཏོད་རང་བཞིན་གྱི་སྒོ་ནས་སྲུང་སྐྱར་རྗེས་འདེད་དང་རྒྱུད་རྒྱུའི་ཚོགས་པའི་གོ་རིམ་ཚད་ལེན། དབང་རྩ་སྐྱེ་དངོས་རིག་པ་སོགས་རིག་ཚན་ལས་བརྒལ་བའི་ལག་རྩལ་གསར་ཤོས་སྤྱད་དེ། དུས་དང་བར་སྟོང་འགྲུལ་རྣམ་ལ་དབྱེ་ཞིབ་བྱས་པ་བརྒྱུད་དེ། ཡིའུ་སུན་གནས་སྤོ་ཞིབ་འཇུག་མ་ལག་ཆ་ཚང་ཞིག་བཙུགས་པས། སྤྱོད་སྟངས་དང་འཕེལ་འགྱུར། རྒྱུད་བཤུས། སྐྱེ་ཁམས། གནམ་གཤིས་འགྱུར་ལྡོག་སོགས་ཟུར་ཚད་མང་པོའི་སྟེང་དུ་བྱུང་སྣེའི་ཡིའུ་སུན་གནས་སྤོའི་ལམ་ཐིག་གྲུབ་པ་དང་འཕོ་འགྱུར་གྱི་ལོ་རྒྱུས་རྒྱུ་རྐྱེན་གཙོ་བོ་གསལ་བཤད་བྱས་ཡོད། འདབ་ཆགས་ལམ་ཐག་རིང་མོར་གནས་སྤོ་བྱེད་པའི་འགག་རྩའི་རྒྱུད་རྒྱུ་ཐོག་མར་ཤེས་རྟོགས་བྱུང་སྟེ། འདབ་ཆགས་གནས་སྤོ་འཚོལ་ཞིབ་བྱེད་པར་རྣམ་པ་གསར་བ་བཏོད་པར་མ་ཟད། སྔོལ་འདྲིས་རིག་ཚན་གྱི་ཞིབ་འཇུག་ལ་དཔེ་སྟོན་གསར་བ་ཞིག་ཀྱང་མགོ་འདོན་བྱས་ཤིང་། གཞན་གྲུབ་འབྲས་འདིས་ད་དུང་ད་ལྟའི་རྒྱུན་འཁྱོངས་ལམ་སྲོལ་དང་མ་འོངས་པའི་འགྱུར་ལྡོག་འགྲོ་ཕྱོགས་སོགས་གསལ་བཤད་བྱས་ཡོད།

གྲུབ་འབྲས་འདིའི་ཞིབ་འཇུག་གི་རྒྱབ་ལྗོངས་ནི་ཅི་ཞིག་ཡིན་ནམ་ཞེ་ན། 2005ལོའི་ཟླ7པའི་ཚེས1ཉིན། 《ཚན་རིག》དུས་དེབ་སྟེང་དུ་འགྲན་སློང་རང་བཞིན་ལྡན་པའི་ཚན་རིག་གི་གནད་དོན125ཁྲབ་བསྒྲགས་བྱས་ཡོད་དེ། ལོ་དུ་མའི་རིང་ལ་འབད་བརྩོན་ལྷོད་མེད་བྱས་པ་བརྒྱུད་ནས། གནད་དོན་མང་པོར་མཐར་ཕྱུག་གི་ལན་གསལ་པོ་ཞིག་བཏབ་ཡོད་དེ། དཔེར་ན། གྲུབ་འབྲས་འདི་ནི་གནད་དོན125དེ་དག་གི་གྲས་ཤིག་ཡིན་ཏེ། གནས་སྤོ་སྐྱེ་དངོས་ཀྱིས་ཇི་ལྟར་གནས་སྤོ་བྱེད་པའི་ལམ་ཐིག་ཤེས་རྟོགས་བྱེད་དགོས་པ་ཡིན་ནམ་ཞེ་ན། གནད་དོན་འདིར་ཐོག་མཐའ་བར་གསུམ་དུ་དོ་ཁུར་ཆེན་པོ་བྱེད་བཞིན་ཡོད་པ་དང་། དེའི་ཁྲོད་ཀྱི་གནས་སྤོའི་ལམ་ཐིག་ཆགས་པ་དང་རྒྱུན་འཁྱོངས། འབྱུང་འགྱུར་འགྱུར་ལྡོག་འཕེལ་ཕྱོགས་དང་དེ་བཞིན་གནས་སྤོའི་ཐབས་ཇུས་ཀྱི་རྒྱུད་འཛིན་རྨང་གཞི་སོགས་ནི་ཞིབ་འཇུག་གི་ཚ་གནས་དང་དཀའ་གནས་ཡིན།

07 2020年珠峰高程测定
2020ལོའི་ཇོ་མོ་གླང་མའི་མཐོ་ཚད་ཚད་འཇལ་གཏན་ཁེལ།

在“2020年中国十大科学进展”的最终榜单上，有一项知名度很高的科研成果，它就是2020年12月8日正式公布的珠穆朗玛峰最新高程，8848.86米！

由于珠峰地区环境复杂、气候多变，每年只有5月份这一个月才是攀登的窗口期，所以，测量珠峰高程既是人类超越自身、突破极限的表现，更是国家综合国力和科技实力的集中体现。1975年5月27日，我国首次将测量标志竖立在珠峰之巅，并精确测得珠峰海拔高程为8848.13米。45年后的同一天，新一代测量队员历经三次冲顶、两番下撤，终于登顶，将新的测量标志再次立于珠峰之巅。

这次珠峰的高程测量在我国测绘史上创造了多个首次，比如，首次使用了我国自主研制的北斗卫星导航系统，首次完成了实测珠峰的峰顶重力值，首次在珠峰建立了全球高程基准等。此外，还首次实现了主要测量设备的国产化。而2005年那次珠峰高程测量时，雪深雷达和全球导航系统等设备都来自进口。

“2020ལོའི་གྲུང་གོའི་ཚན་རིག་གི་གོང་འཕེལ་ཆེན་པོ་བཅུ”ཡི་མཐའ་མཇུག་གི་གཏན་ཁེལ་མིང་ཐོའི་ནང་དུ། སྐད་གྲགས་ཆེན་པོ་ལྡན་པའི་ཚན་ཞིབ་གྲུབ་འབྲས་ཤིག་ཡོད་པ་དང་། དེ་ནི2020ལོའི་ཟླ12པའི་ཚེས8ཉིན་དངོས་སུ་ཁྱབ་བསྒྲགས་བྱས་པའི་ཇོ་མོ་གླང་མའི་མཐོ་ཚད་གསར་ཤོས་སྨི8848.86ཞེས་པ་དེ་ཡིན།

ཇོ་མོ་གླང་མའི་ས་ཁུལ་གྱི་ཁོར་ཡུག་རྙོག་འཛིང་ཆེ་བ་དང་གནམ་གཤིས་འགྱུར་ལྡོག་མང་བའི་དབང་གིས། ལོ་རེའི་ཟླ5པར་ཁོ་ནར་ཡར་འཛེག་པའི་དུས་སྐབས་ཡིན། དེ་བས། ཇོ་མོ་གླང་མའི་མཐོ་ཚད་འཇལ་བ་ནི་མིའི་རིགས་ཀྱིས་རང་ཉིད་ལས་བརྒལ་བ་དང་མཐར་ཐུག་གི་ཐོད་རྒལ་གྱི་མཚོན་ཚུལ་ཞིག་ཡིན་ལ། རྒྱལ་ཁབ་ཀྱི་ཕྱོགས་བསྡུས་རྒྱལ་སྟོབས་དང་ཚན་རྩལ་སྟོབས་ཤུགས་གཅིག་སྡུད་མཚོན་ཚུལ་ཞིག་ཀྱང་ཡིན། 1975ལོའི་ཟླ5པའི་ཚེས27ཉིན། རང་རྒྱལ་གྱིས་ཚད་ལེན་མཚོན་རྟགས་ཇོ་མོ་གླང་མའི་རྩེ་མོར་ཐོག་མར་བཙུགས་པར་མ་ཟད། ཇོ་མོ་གླང་མའི་ས་བབ་མཐོ་ཚད་སྨི8848.13ཡོད་པ་གནད་ལ་འཁེལ་བའི་སྒོ་ནས་ཚད་འཇལ་བྱས། ལོ45འགོར་རྗེས་ཀྱི་དུས་མཚུངས་ཀྱི་ཉིན་མོར། མི་རབས་གསར་བའི་ཚད་འཇལ་རུ་ཁག་རི་རྩེར་ཐེངས་གསུམ་འཛེགས་པ་དང་ཐེངས་གཉིས་ཕྱིར་འཐེན་བྱས་པ་བརྒྱུད་དེ། མཇུག་མཐར་རི་རྩེར་འཛེགས་ཏེ་ཚད་ལེན་མཚོན་རྟགས་གསར་བ་སླར་ཡང་ཇོ་མོ་གླང་མའི་རྩེ་མོར་བཙུགས་པ་ཡིན།

ཐེངས་འདིའི་ཇོ་མོ་གླང་མའི་མཐོ་ཚད་ཚད་འཇལ་བྱས་པས་རང་རྒྱལ་གྱི་ཚད་འཇལ་ལོ་རྒྱུས་ཐོག་གི་ཐེངས་དང་པོ་དུ་མའི་ཟིན་ཐོ་བསྐྲུན་ཡོད་དེ། དཔེར་ན། རང་རྒྱལ་གྱིས་རང་བརྟེན་ཞིབ་བཟོ་བྱས་པའི་བྱང་སྐར་ཐུན་བདུན་སྲུང་སྐར་ཕྱོགས་སྟོན་མ་ལག་ཐོག་མར་སྤྱོད་པ་དང་། ཇོ་མོ་གླང་མའི་རྩེ་མོའི་ལྗིད་ཚད་གྲངས་ཐང་ཐོག་མར་དངོས་སུ་ལེགས་གྲུབ་བྱུང་བ། ཇོ་མོ་གླང་མར་གོ་ལ་ཧྲིལ་པོའི་མཐོ་ཚད་ཚད་གཞི་སོགས་ཐོག་མར་བཙུགས་པར་མ་ཟད། གཞན་ད་དུང་ཚད་འཇལ་སྒྲིག་ཆས་གཙོ་བོ་རང་རྒྱལ་གྱིས་བཟོ་ཐུབ་པ་ཐོག་མར་མངོན་འགྱུར་བྱུང་ཡོད། 2005ལོར་ཇོ་མོ་གླང་མའི་མཐོ་ཚད་ཚད་འཇལ་བྱེད་སྐབས་ཞིའུ་ཧྲིན་ནྰ་ཏར་དང་གོ་ལ་ཧྲིལ་པོའི་ཕྱོགས་སྟོན་མ་ལག་སོགས་སྒྲིག་ཆས་ཚང་མ་ནང་འདྲེན་བྱས་པ་ཡིན།

08 甘肃发现丹尼索瓦人
ཀན་སུའུ་ནས་དན་ཉི་སུའོ་ཝའི་མི་གསར་རྙེད་བྱུང་བ།

国家文物局在2020年10月30日公布了一项惊人的考古发现：甘肃夏河白石崖溶洞遗址中，早年出土的一枚古人类下颌骨化石，经体质人类学、古蛋白和铀系测年等技术分析，已经确认，是距今约16万年的丹尼索瓦人的化石！

白石崖溶洞遗址是目前东亚发现丹尼索瓦人化石和DNA的首个旧石器时代考古遗址，是青藏高原史前考古的重大进展，更是国际上丹尼索瓦人研究的重大突破。白石崖溶洞遗址的发掘和研究，为探索史前人类向青藏高原的扩散、高海拔环境的适应、丹尼索瓦人及东亚古人类演化等问题提供了重要线索。

什么是丹尼索瓦人呢？原来，他们是生活在上一个冰河时代的人类种群，属于全新的人类种群。他们虽以俄罗斯的化石命名，却主要分布在中国。作为被《科学》杂志评出的“2012年度十大科学突破”之一，丹尼索瓦人的发现描绘出了一幅更为复杂的人类进化和走出非洲的图画。通过对丹尼索瓦人的进一步研究，我们将对人类不同种群的交往有更全面的了解。

རྒྱལ་ཁབ་རིག་དངོས་ཅུས་ཀྱིས2020ལོའི་ཟླ10པའི་ཚེས30ཉིན་མོར་ཏ་ལས་དགོས་པའི་གནའ་རྫས་རྟོག་ཞིབ་ཅིག་ཁྱབ་བསྒྲགས་བྱས་པ་སྟེ། གན་སུའུ་བསང་ཆུ་ཡི་བྲག་དཀར་བྲག་ཕུག་གི་རྗེས་ཤུལ་ནང་དུ། སྔ་དུས་ནས་བྱོན་པའི་གནའ་བོའི་མིའི་རིགས་ཀྱི་མ་མགལ་ཅུས་པའི་འགྱུར་རྡོ་ཞིག་རྙེད་པ་དང་། གཟུགས་གཞི་མིའི་རིགས་རིག་པ་དང་གནའ་བོའི་སྲི་དཀར། ཡུ་རྒྱུད་ཀྱི་ལོ་འཁོར་ཚད་ལེན་སོགས་ལག་རྩལ་གྱིས་དབྱེ་ཞིབ་བྱས་པ་བརྒྱུད་དེ། ལོ་ངོ་ཁྲི16ཙམ་གྱི་ཏན་ཉི་སུའོ་ཕའི་མིའི་འགྱུར་རྡོ་ཡིན་པར་གཏན་ཁེལ་བྱས།

བྲག་དཀར་བྲག་ཕུག་གི་རྗེས་ཤུལ་ནི་མིག་སྔར་ཨེ་ཤ་ཡ་ཤར་མའི་ཏན་ཉི་སུའོ་ཕའི་འགྱུར་རྡོ་དངDNAརྙེད་པའི་རྡོ་ཆས་རྙིང་བའི་དུས་རབས་ཀྱི་གནའ་རྫས་རྟོག་ཞིབ་རྗེས་ཤུལ་ཐོག་མ་ཡིན་པ་དང་། དེ་ནི་མཚོ་བོད་མཐོ་སྒང་གི་ལོ་རྒྱུས་སྔོན་གྱི་གནའ་རྫས་རྟོག་ཞིབ་ཀྱི་འཕེལ་རིམ་གལ་ཆེན་ཞིག་ཡིན་པ་དང་། རྒྱལ་སྤྱིའི་སྟེང་གི་ཏན་ཉི་སུའོ་ཕའི་ཞིབ་འཇུག་གི་ཐོད་རྒལ་གལ་ཆེན་ཞིག་ཀྱང་ཡིན། བྲག་དཀར་བྲག་ཕུག་གི་རྗེས་ཤུལ་སྔོག་འདོན་དང་ཞིབ་འཇུག་བྱས་པས། ལོ་རྒྱུས་སྔོན་གྱི་མིའི་རིགས་མཚོ་བོད་མཐོ་སྒང་དུ་ཁྱབ་པ་དང་ས་བབ་མཐོ་བའི་ཁོར་ཡུག་འཕྲོད་སྦྱོར། ཏན་ཉི་སུའོ་ཕའི་མི་དང་དེ་བཞིན་ཨེ་ཤ་ཡ་ཤར་མའི་གནའ་བོའི་མིའི་རིགས་ཀྱི་རིམ་འགྱུར་སོགས་ཀྱི་གནད་དོན་འཚོལ་ཞིབ་བྱེད་པར་ཁུངས་སྐྱེ་གལ་ཆེན་མགོ་འདོན་བྱས་ཡོད།

ཏན་ཉི་སུའོ་ཕའི་མི་ནི་གང་འདྲ་ཞིག་ཡིན་ནམ་ཞེ་ན། དེ་དག་ནི་འཁྲུགས་རོམ་གོང་མའི་དུས་རབས་སུ་འཚོ་བ་རོལ་བའི་མིའི་རིགས་ཀྱི་བྱེ་ཚོགས་ཤིག་ཡིན་པ་དང་། མིའི་རིགས་ཀྱི་བྱེ་ཚོགས་གསར་རྐྱང་ཞིག་ཏུ་གཏོགས་པ་ཡིན། དེ་དག་ལ་ཨུ་རུ་སུའི་འགྱུར་རྡོའི་མིང་བཏགས་ཡོད་ཀྱང་གཙོ་བོར་ཀྱང་གོར་ཁྱབ་ཡོད། 《ཚན་རིག》དུས་དེབ་ཐོག་ཏུ་དཔྱད་འདེམས་བྱས་པའི"2012ལོའི་ལོ་འཁོར་གྱི་ཚན་རིག་ཐོད་རྒལ་ཆེན་པོ་བཅུ"ཡི་གྲས་ཀྱི་གཅིག་ཡིན་པའི་ཏན་ཉི་སུའོ་ཕའི་མི་ཤེས་རྟོགས་བྱུང་བས། རྟོག་འཛིང་ཆེ་བའི་མིའི་རིགས་ཀྱི་འཕེལ་འགྱུར་དང་ཨ་ཧྲི་རི་ཁ་ནས་ཕྱིར་བུད་པའི་རི་མོ་ཞིག་བྲིས་ཡོད། མུ་མཐུད་དུ་ཏན་ཉི་སུའོ་ཕ་མིར་ཞིབ་འཇུག་བྱས་པ་བརྒྱུད་དེ། ང་ཚོས་མིའི་རིགས་ཀྱི་བྱེ་ཚོགས་མི་འདྲ་བའི་འགྲོ་འོང་དང་འབྲེལ་བར་ཕྱོགས་ཡོངས་ནས་ཤེས་རྟོགས་བྱེད་ཐུབ་པོ། །

09 水平井钻采深海可燃冰

ཆུ་མཉམ་ཁྲོན་པའི་རྒྱ་མཚོའི་གཏིང་གི་འབར་རུང་འཁྱགས་དར་སྔོག་འདོན།

2020年2月27日，我国在水深1225米的南海神狐海域，成功试采了可燃冰，点火持续至3月18日，顺利完成预定任务，使我国成为全球首个采用水平井钻采技术试采海底可燃冰的国家，同时也创造了“产气总量86.14万立方米、日均产气量2.87万立方米”两项世界纪录。

试采期间正值新冠肺炎疫情暴发，科研人员不但克服了疫情防控、无先例可循、恶劣海况等困难，还攻克了深海浅软地层水平井钻采核心关键技术，特别是打破了国外垄断的控制井口稳定的吸力锚技术，使产气规模大幅提升，为生产性试采、商业开采奠定了坚实的技术基础。

至此，我国拥有了一套自主研发的，能实现可燃冰勘查开采产业化的关键技术装备体系。特别是创建了独具特色的环保体系，构建了大气、水体、海底、井下“四位一体”监测方案。创新的安全防控技术，确保了开发可燃冰的可行性。这些成果将在海洋资源开发、涉海工程等领域得到广泛应用，增强我国“深海进入、深海探测、深海开发”的能力。

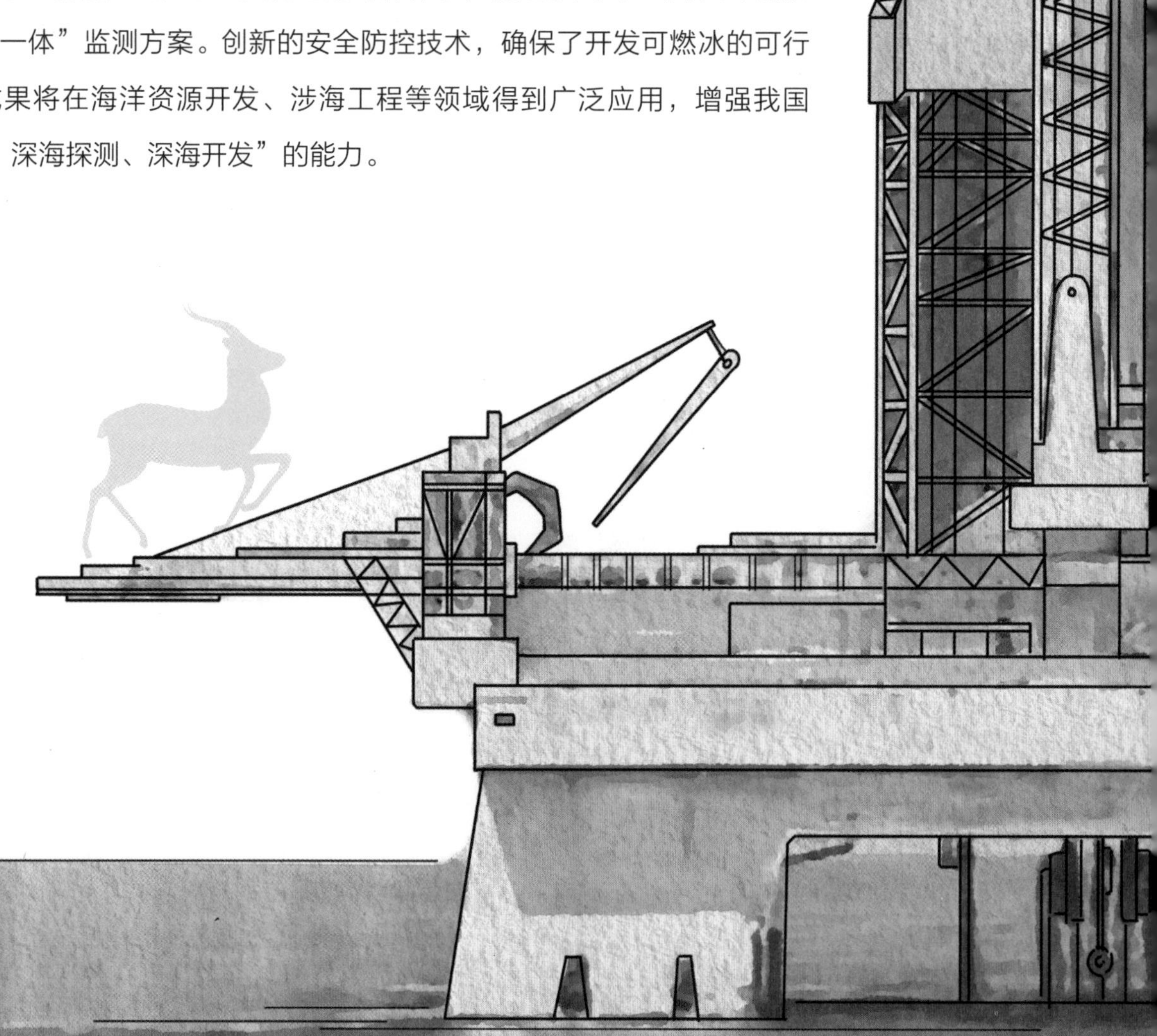

2020ལོའི་ཟླ2པའི་ཚེས27ཉིན། རང་རྒྱལ་གྱིས་ཆུའི་གཏིང་ཚད་སྨི1225ཡོད་པའི་ལྷོ་རྒྱ་མཚོའི་ཧྲེང་ཧྲུའུ་མཚོ་ཁོངས་སུ་རྒྱལ་ཁའི་ངང་འབར་ཐུབ་པའི་འབྱུགས་དར་ཆོད་ལྷ་བྱས་ཏེ། ཟླ3པའི་ཚེས18ཉིན་བར་དུ་རྒྱུན་མཐུད་དང་མེ་སྣར་ཞིང་སྟོན་བཀོད་ལས་འགན་བདེ་བླག་ངང་ལེགས་གྲུབ་བྱུང་བས། རང་རྒྱལ་ནི་གོ་ལ་ཧྲིལ་པོའི་ཆུ་མཉམ་ཁྲོན་པ་སྟོག་འདོན་བྱེད་པའི་ལག་རྩལ་སྒྱུད་དེ་མཚོ་འོག་ཏུ་འབར་སླའི་འབྱུགས་དར་སྟོག་འདོན་ཆོད་ལྷ་བྱེད་ཐུབ་པའི་རྒྱལ་ཁབ་དང་པོར་གྱུར་པ་དང་། དུས་མཚུངས་སུ"སོལ་རླངས་ཐོན་ཚད་བསྡོམས་འཕོར་སྨི་རྒྱ་དཔངས་གྲུ་བཞི་མ་ཁྲི86.14དང་ཉིན་རེར་ཆ་སྙོམས་ཐོན་ཚད་སྨི་རྒྱ་དཔངས་གྲུ་བཞི་མ་ཁྲི2.87ཟིན་པའི"འཛམ་གླིང་གི་ཟིན་ཐོ་གཉིས་བཀོད་ཡོད།

ཆོད་ལྷ་སྟོག་འདོན་བྱེད་པའི་དུས་སྐབས་སུ་ཤྲོག་གསར་སློ་ཚད་རིམས་ནད་མཆེད་པ་དང་། ཚན་ཞིབ་མི་སྣས་རིམས་ནད་སྔོན་འགོག་ཆོད་འཛིན་དང་སྔོན་དཔག་མེད་པ། མཚོའི་སྟེང་གི་གནས་ཚུལ་ངན་པ་སོགས་ཀྱི་དཀའ་ངལ་ཁྲད་གསོད་བྱས་པར་མ་ཟད། ད་དུང་མཚོ་གཏིང་གི་གཏིང་ཐུང་ས་རིམ་གྱི་ཆུ་མཉམ་ཁྲོན་པ་སྟོག་འདོན་གྱི་འགག་རྩའི་ལག་རྩལ་གཏོར་བ་དང་། ལྷག་པར་དུ་ཕྱི་རྒྱལ་གྱི་སྙིར་སྡེམ་ཆོད་འཛིན་བྱས་པའི་ཁྲོན་ཁ་བརྟན་པོའི་སྟུད་ཤུགས་བརྡབ་ཕུར་ལག་རྩལ་གྱི་རྣམ་པ་བསྒྱུར་ཏེ། རང་བྱུང་སོལ་རླངས་ཐོན་སྐྱེད་ཀྱི་གཞི་ཁྱོན་ཇེ་ཆེར་བཏང་བས། ཐོན་སྐྱེད་རང་བཞིན་གྱི་སྟོག་འདོན་ཆོད་ལྷ་དང་ཚོང་ལས་ཀྱིས་སྟོག་འདོན་བྱེད་པར་ལག་རྩལ་གྱི་རྨང་གཞི་བརྟན་པོ་ཞིག་བཏིངས།

དུས་དེ་ནས་བཟུང་། རང་རྒྱལ་ལ་རང་བདག་ཞིབ་བཟོ་བྱས་པའི་འབར་རྫུང་འབྱུགས་དར་རྩད་ཞིབ་སྟོག་འདོན་ཐོན་ལས་ཅན་གྱི་འགག་རྩའི་ལག་རྩལ་སྒྲིག་ཆས་མ་ལག་མངོན་འགྱུར་བྱུང་སྟེ། ལྷག་པར་དུ་དམིགས་བསལ་ཁྱད་ཆོས་ལྡན་པའི་ཁོར་ཡུག་སྲུང་སྐྱོང་མ་ལག་བཙུགས་ནས་རླུང་ཁམས་ཆེན་པོ་དང་ཆུ་ཕུང་། མཚོ་མཐིལ། ཁྲོན་འོག་བཅས་ཀྱི"ཕྱོགས་བཞི་གཞི་གཅིག"གི་ལྟ་ཞིབ་ཚད་ལེན་དྲ་བ་གཞི་བཟོས། གསར་གཏོད་ཀྱི་བདེ་འཇགས་སྔོན་འགོག་ཆོད་འཛིན་ལག་རྩལ་གྱིས་འབར་རྫུང་འབྱུགས་དར་གསར་སྤེལ་བྱ་རྫུང་རང་བཞིན་འགན་ལེན་བྱས། གྲུབ་འབྲས་འདི་དག་རྒྱ་མཚོའི་ཐོན་ཁུངས་གསར་སྤེལ་དང་མཚོ་འབྲེལ་ལས་གྲྭ་སོགས་ཀྱི་ཁྱབ་ཁོངས་སུ་རྒྱ་ཁྱབ་ངང་བེད་སྤྱོད་བྱས་པས། རང་རྒྱལ་གྱི"མཚོ་གཏིང་དུ་འཛུལ་བ་དང་མཚོ་གཏིང་འཚོལ་ཞིབ་ཚད་ལེན། མཚོ་གཏིང་གསར་སྤེལ"བཅས་ཀྱི་ནུས་པ་ཇེ་མཐོར་བཏང་ངོ་། །

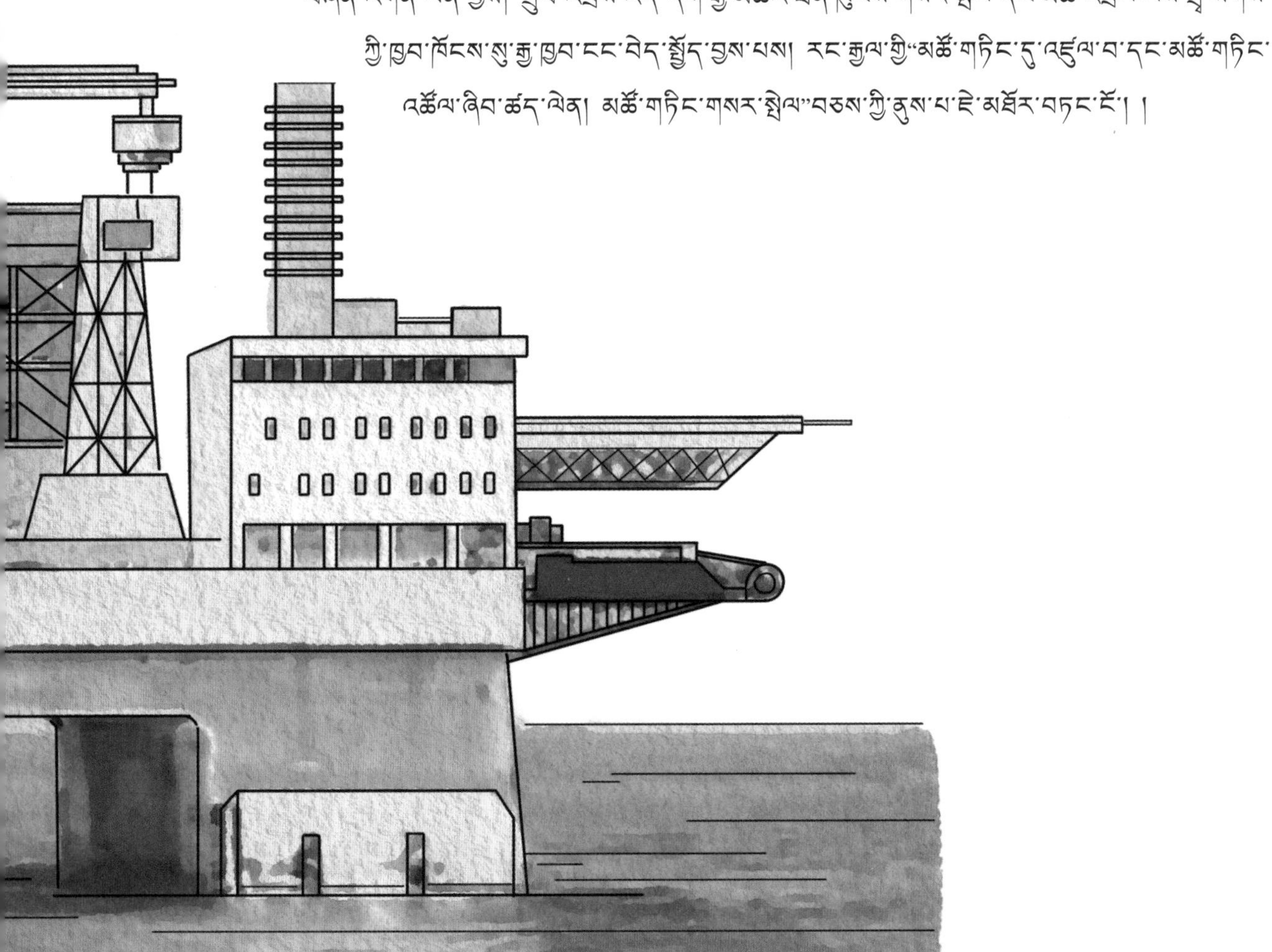

10 我国史前南北方人群遗传联系

རང་རྒྱལ་གྱི་ལོ་རྒྱུས་སྔོན་གྱི་ལྷོ་བྱང་མི་ཚོགས་ཀྱི་རྒྱུད་འདེད་འབྲེལ་བ།

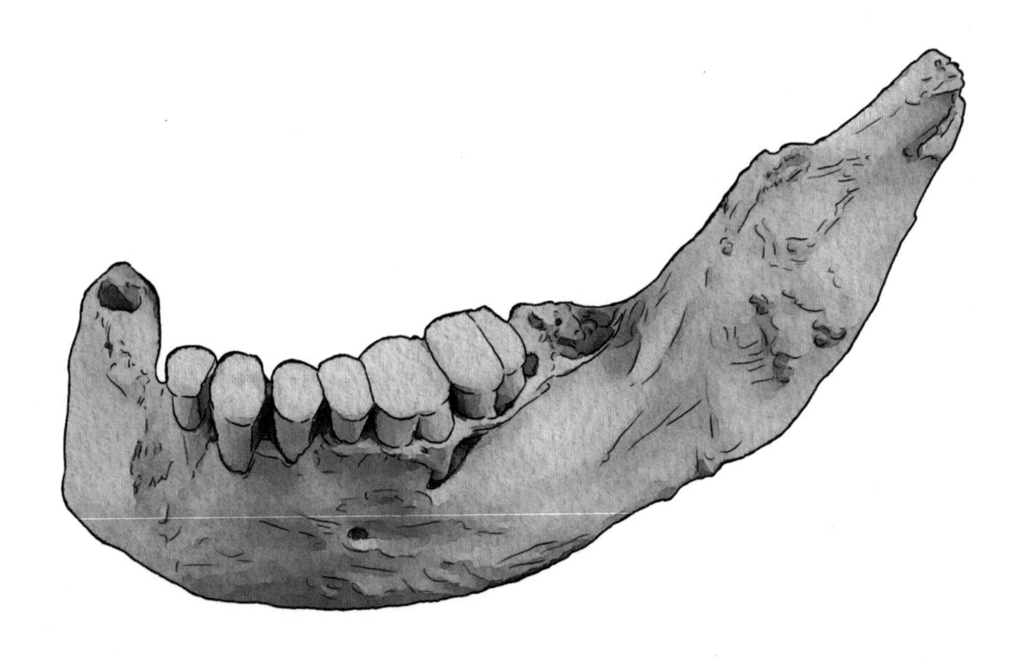

据2020年5月15日的《科学》杂志报道，中国科学家依托先进的古DNA技术，成功捕获并测序了山东、内蒙古、福建等11个遗址中的25个9500年至4200年前的古人类个体的基因组，由此揭开了有关中国南北方史前人群格局及迁徙与混合这一重大学术问题的若干谜团，填补了东方，尤其是中国史前人类遗传、演化、适应的重要信息缺环。比如，证实了现今主要生活在台湾及太平洋岛屿等地的南岛语系人群的中国南方起源说，甚至还将起源时间明确追溯到了8400年前。

这项研究揭示了许多有趣的结果。比如，至少从9500年前起，在沿着黄河流域直到西伯利亚东部草原的人群基因中，就携有一种特殊的成分，该成分一直传承到了新石器时代以古山东人为代表的古北方人群基因中。接着，大约在9500年前，我国的南北方人群就开始分化。再后来，南北方人之间的差异性和分化程度又开始逐渐缩小，或者说，自新石器时代以来，南北方人就开始了频繁的迁徙与混合。

2020ལོའི་ཟླ5པའི་ཚེས15ཉིན་གྱི《ཚན་རིག》དུས་དེབ་སྟེང་དུ་སྤེལ་བའི་གནས་ཚུལ་ལྟར་ན། གྲུང་གོའི་ཚན་རིག་པས་སྔོན་བོན་གྱི་གནའ་བོའིDNAལག་རྩལ་ལ་བརྟེན་ནས་ཧྲན་ཧྥུང་དང་ནང་སོག ཐྲུའུ་ཙན་སོགས་རྗེས་ཤུལ11ནང་གི་ལོ་ཧྲེ9500ནས་ལོ་ཧྲེ4200གོང་གི་གནའ་བོའི་མིའི་རིགས་ཀྱི་ཁེར་རྐྱང་གི་རྒྱུད་རྒྱུ་ཚོགས་པ25རྒྱལ་ཁའི་ངང་འཛིན་བཟུང་བྱས་པའི་དུས་མཚུངས་སུ་ཚད་ལེན་བྱས་པས། གྲུང་གོའི་ལྷོ་བྱང་གཉིས་ཀྱི་ལོ་རྒྱུས་སྔོན་གྱི་མི་ཚོགས་གནས་སྟངས་དང་། དེ་བཞིན་གནས་སྤོས་དང་མཉམ་བསྲེས་ཀྱི་རིག་གཞུང་གནད་དོན་གལ་ཆེན་གྱི་དོགས་ཚོམ་དུ་མ་སེལ་བས། ཤར་ཕྱོགས་རྒྱལ་ཁབ་དང་ལྷག་པར་དུ་གྲུང་གོའི་ལོ་རྒྱུས་སྔོན་གྱི་མིའི་རིགས་ཀྱི་རྒྱུད་འདེད་དང་རིམ་འགྱུར། འཚམ་པའི་ཆ་འཕྲིན་གལ་ཆེན་གྱི་ལྷུ་ཚིགས་སོགས་ཁ་སྐོང་བྱས་ཡོད་དེ། དཔེར་ན། དེང་སྐབས་ཐའི་ཝན་དང་ཞི་བདེ་རྒྱ་མཚོ་ཆེན་མོའི་གླིང་ཕྲན་སོགས་སུ་འཚོ་བ་རོལ་བཞིན་པའི་གླིང་ཕྲན་ལྷོ་མའི་སྐད་ཁོངས་མི་ཚོགས་ཀྱི་གྲུང་གོའི་ལྷོ་ཕྱོགས་ཀྱི་འབྱུང་ཁུངས་ར་སྤྲོད་བྱས་པ་དང་། ཐ་ན་འབྱུང་ཁུངས་ཀྱི་དུས་ཚོད་ལོ་ཧྲེ8400ཡི་གོང་དུ་གསལ་བོར་ཁུངས་འདེད་བྱས་ཡོད།

ཞིབ་འཇུག་འདིས་གསུར་དུ་ཟ་བའི་མཇུག་འབྲས་མང་པོ་གསལ་སྟོན་བྱས་ཡོད་དེ། དཔེར་ན། ཉུང་མཐར་ཡང9500ལོའི་སྔོན་ནས་བཟུང་རྨ་ཆུའི་འབབ་རྒྱུད་ནས་ཞི་པོ་ལི་ཡའི་ཤར་རྒྱུད་རྡུ་ཐང་བར་གྱི་མི་ཚོགས་ཀྱི་རྒྱུད་རྒྱུའི་ཁྲོད་དུ་དམིགས་བསལ་གྱི་གྲུབ་ཆ་ཞིག་ཡོད་པ་དང་། གྲུབ་ཆ་འདི་རྗོ་ཆས་གསར་བའི་དུས་རབས་སུ་གནའ་བོའི་ཧྲན་ཧྥུང་གིས་མཚོན་པའི་གནའ་བོའི་བྱང་ཕྱོགས་མི་ཚོགས་ཀྱི་རྒྱུད་རྒྱུའི་ཁྲོད་དུ་རྒྱུན་འཛིན་བྱས་ཤིང་། དེ་ནས་ད་ལམ9500ལོའི་སྔོན་དུ། རང་རྒྱལ་གྱི་ལྷོ་བྱང་གི་མི་ཚོགས་ཁ་ཕྱིར་དུ་འགྲོ་མགོ་བརྩམས་པ་དང་། དེའི་འཕྲོར་ལྷོ་བྱང་གི་མིའི་བར་གྱི་ཁྱད་པར་རང་བཞིན་དང་ཕྱིར་འགྱུར་གྱི་ཚད་ཀྱང་རིམ་བཞིན་ཇེ་ཆུང་དུ་འགྲོ་མགོ་ཚུགས་པའམ། ཡང་ན་རྗོ་ཆས་གསར་བའི་དུས་རབས་ནས་བཟུང་ལྷོ་བྱང་གི་མི་རྣམས་གནས་སྤོ་དང་མཉམ་བསྲེས་ཡང་ཡང་བྱེད་མགོ་ཚུགས་པ་ཡིན་ནོ། །

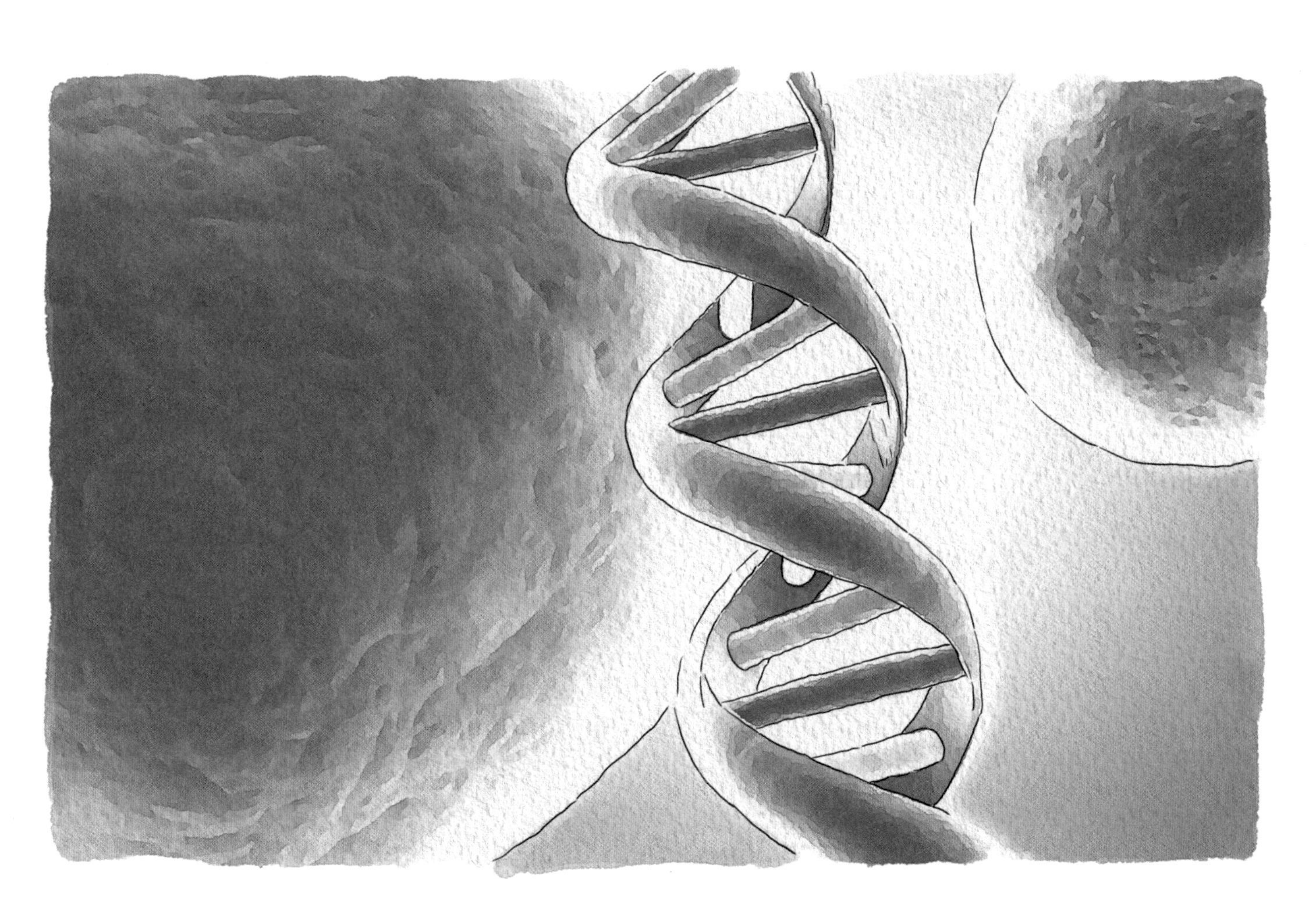

212万年前的黄土高原人
ལོ་ངོ་ཁྲི212སྔོན་གྱི་ས་སེར་མཐོ་སྒང་གི་མི།

据“2018年中国十大科学进展”报道，中国科学家以事实为依据，经过长达13年的认真研究，将古人类生活在黄土高原的历史，向前推至距今212万年。实际上，经过对陕西蓝田地区新发掘的一个遗址（上陈旧石器遗址）中包括石核、石片、石锤、刮削器、钻孔器和尖状器等96件旧石器的反复分析，科学家们不但知悉了当时的许多气候环境背景，还确认了这些遗迹的年龄在距今126万年至212万年之间，更证明了这段时期古人类其实是反复出现在蓝田地区，且主要出现于黄土高原的古土壤发育时期。

这是啥意思呢？原来，一方面，到目前为止，国际上公认的非洲以外最古老旧石器地点是格鲁吉亚的德马尼西遗址，距今185万年。因此，今后的正确说法就该是：陕西蓝田的上陈地区，才是非洲之外最古老的人类活动遗迹点。另一方面，更重要的是，这一发现将促使全球科学家重新审视早期人类的起源、迁徙和扩散等重大科学问题，对我们理解人类进化也有着重大意义。

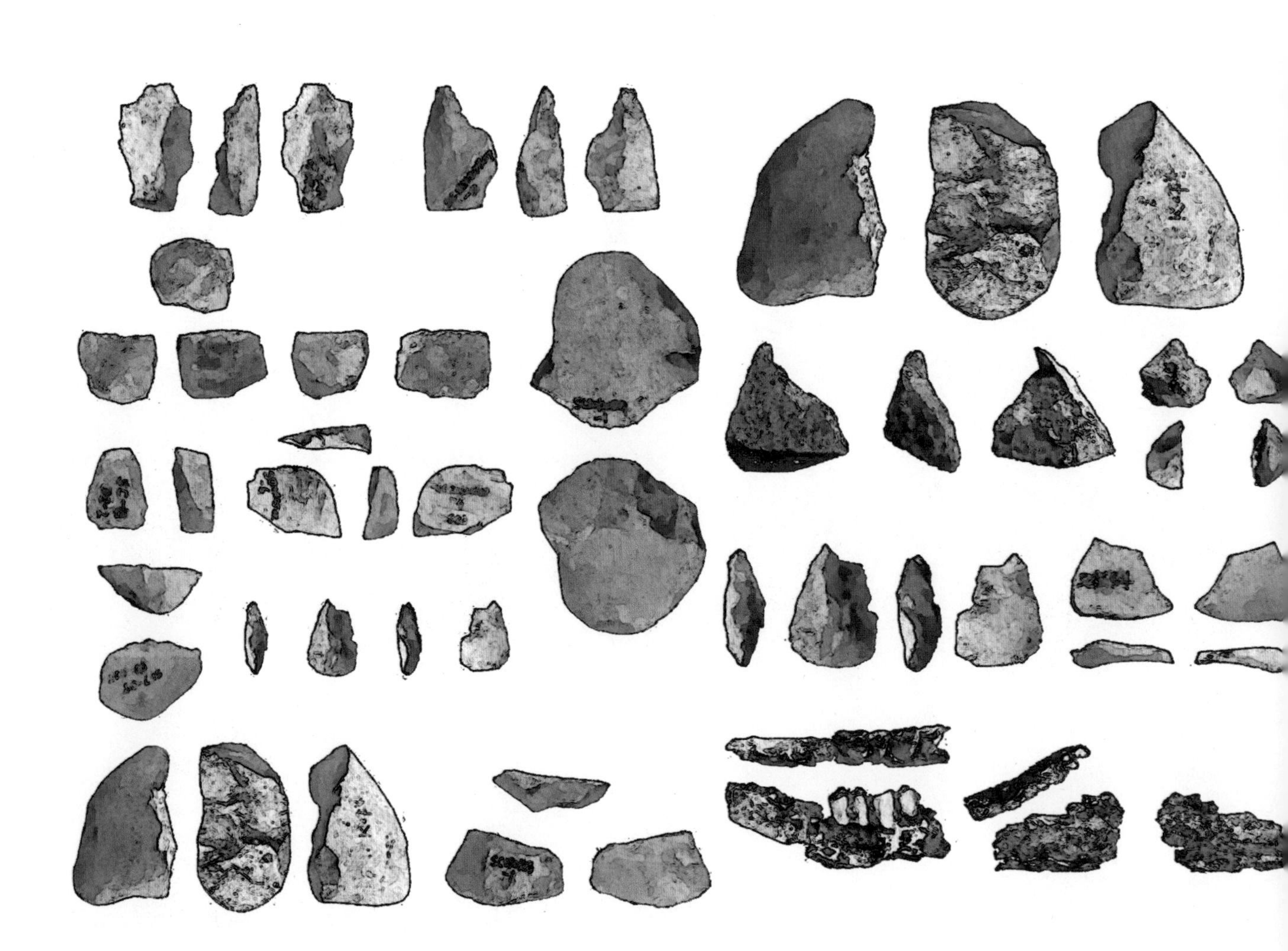

“2018ལོའི་ཀྲུང་གོའི་ཚན་རིག་གི་གོང་འཕེལ་ཆེན་པོ་བཅུའི”སྤེལ་བའི་གནས་ཚུལ་ལྟར་ན། ཀྲུང་གོའི་ཚན་རིག་པས་དོན་དངོས་གཞིར་བཟུང་སྟེ་ལོ་ངོ13རིང་ལ་ཞིབ་འཇུག་ནན་ཏན་བྱས་པ་བརྒྱུད་དེ། གནའ་བོའི་མིའི་རིགས་ཀྱིས་ས་སེར་མཐོ་སྒང་ནས་ཐོག་མར་འཚོ་བ་བསྐྱལ་ནས་ད་ལྟའི་བར་ལོ་ངོ་ཁྲི212ཡོད་པ་ཡར་འདེད་བྱས། དོན་དངོས་སུ་ཏྲའན་ཞི་ལན་ཐེན་ས་ཁུལ་དུ་གསར་དུ་སྟོག་འདོན་བྱས་པའི་རྗེས་ཤུལ་ཞིག་གི(གོང་གི་རྡོ་ཆས་རྙིང་བའི་རྗེས་ཤུལ)ནང་དུ་རྡོའི་ཉིང་རྡུལ་དང་རྡོ་ལེབ། རྡོའི་ཐོ་བ། གཞོག་ཆས། ཁུང་བུ་འབིགས་ཆས། རྩེ་མོའི་དབྱིབས་ཡོ་བྱད་སོགས་རྡོ་ཆས་རྙིང་བ96ལ་དབྱེ་ཞིབ་ཡང་ཡང་བྱས་མཐར། ཚན་རིག་པ་ཚོས་སྐབས་དེའི་གནམ་གཤིས་ཁོར་ཡུག་གི་རྒྱབ་ལྗོངས་མང་པོ་ཤེས་པར་མ་ཟད། ད་དུང་གནའ་ཤུལ་དེ་དག་གི་ལོ་ཚོད་ཀྱང་ངོས་འཛིན་བྱས་ཡོད། ད་ལྟའི་བར་གྱི་ལོ་ངོ་ཁྲི126ནས་ཁྲི2200བར་དུ། དུས་རིམ་འདིའི་ནང་གི་གནའ་བོའི་མིའི་རིགས་ནི་ལན་ཐེན་ས་ཁུལ་དུ་ཡང་ཡང་འཚོ་བ་རོལ་བར་མ་ཟད། གཙོ་བོར་ས་སེར་མཐོ་སྒང་དུ་འཚོ་སྡོད་བྱས་སྔོང་བའི་གནའ་བོའི་ས་གཤིས་ཀྱི་སྐྱི་འཚར་དུས་སྐབས་སུ་བྱུང་བ་ནོར་བཅོས་བྱས།

དེའི་དོན་ཅི་ཞིག་ཡིན་ནམ་ཞེ་ན། ས་གཞིར་ཕྱོགས་གཅིག་ནས་མིག་སྔའི་བར་གྱི་རྒྱལ་སྤྱིའི་སྟེང་དུ་ཁས་ལེན་བྱས་པའི་ཨ་ཧྥི་རི་ཁ་ཕུད་པའི་རྡོ་ཆས་རྙིང་བའི་ས་གནས་ནི་འཇོར་ཇི་ཡའི་ཏེ་མ་ཉི་ཤིས་ཀྱི་གནའ་ཤུལ་ཡིན་པ་དང་ད་ལྟའི་བར་དུ་ལོ་ངོ་ཁྲི185ཟིན། དེ་བས། སྔད་ཕྱིན་གྱི་ཡང་དག་པའི་བཤད་ཚུལ་ནི། ཏྲའན་ཞི་ལན་ཐེན་གྱི་ཏྲང་ཁྲིན་ས་ཁུལ་ནི་ཨ་ཧྥི་རི་ཁ་ཕུད་པའི་མིའི་རིགས་འགྱུལ་སྐྱོད་ཀྱི་རྗེས་ཤུལ་ཡིན། ཕྱོགས་གཞན་ཞིག་ནས་ཤེས་རྟོགས་འདིས་གོ་ལ་ཧྲིལ་པོའི་ཚན་རིག་པ་རྣམས་ལ་ཐོག་མའི་མིའི་རིགས་ཀྱི་འབྱུང་ཁུངས་དང་གནས་སྟོ། ཁྱབ་འགྲེད་སོགས་ཚན་རིག་གི་གནད་དོན་གལ་ཆེན་ལ་བསྐྱར་དུ་ཞིབ་ལྟ་བྱེད་པར་སྐུལ་མ་ཐེབས་ཏེ། ང་ཚོས་མིའི་རིགས་ཀྱི་འཕེལ་འགྱུར་ལ་གོ་བ་ལེན་པར་དོན་སྙིང་གལ་ཆེན་ལྡན་ནོ། །

12 雪龙2号

ཞུའེ་ལུང་ཡང་རྟགས2པ།

2019年7月11日，我国第一艘自主建造的极地科考船“雪龙2号”极地科学考察破冰船正式交付使用，填补了我国在极地科考重大装备领域的空白。紧接着，它就在当月驶往北冰洋，执行北极科考任务。截至2021年，它已完成了数十次极地考察任务，取得了若干重大成就。

“雪龙2号”是全球第一艘采用船首和船尾双向破冰技术的极地科考破冰船，船长122.5米、宽22.32米、吃水7.85米、排水量13996吨、最高航速15节、可载90人，能续航2万海里。在1.5米厚的冰封环境中，最快以3节的航速连续破冰航行，还可实现极区原地360度自由转动，能突破极区20米的当年冰脊。

“雪龙2号”装备有国际先进的海洋调查和观测设备，能实现科考系统的高度集成，能在极地冰区海洋开展物理海洋、海洋化学、生物多样性调查等科学考察。它还是一艘智能化船舶，并搭载了一架直升机，具备出色的应急保障支撑能力。

2019ལོའི་ཟླ7པའི་ཚེས11ཉིན། རང་རྒྱལ་གྱིས་རང་བདག་བཟོ་སྐྲུན་བྱས་པའི་གླིང་སྣེའི་ཚན་རིག་རྟོག་ཞིབ་གྲུ་གཟིངས་དང་པོ"ཞུའི་ལུང་ཨང་རྟགས2པ"གླིང་སྣེའི་ཚན་རིག་རྟོག་ཞིབ་ཀྱི་འཁྱགས་གཏོར་གྲུ་གཟིངས་དངོས་སུ་རྩིས་སྤྲོད་བེད་སྤྱོད་བྱས་པས། རང་རྒྱལ་གྱི་གླིང་སྣེའི་ཚན་རིག་རྟོག་ཞིབ་ཀྱི་སྒྲིག་ཆས་གལ་ཆེན་ཁྱབ་ཁོངས་ཀྱི་སྟོང་ཆ་བསྐངས་ཤིང་། ཟླ་བ་དེ་ཉིད་ལ་བྱང་སྣེ་འཁྱགས་རོམ་རྒྱ་མཚོར་བསྐྱོད་དེ་བྱང་སྣེའི་ཚན་རིག་རྟོག་ཞིབ་ལས་འགན་བསྒྲུབས། 2021ལོའི་བར་དུ། འདིས་གླིང་སྣེའི་ས་ཁུལ་གྱི་རྟོག་ཞིབ་ལས་འགན་ཐེངས་བཅུ་ལྷག་ལེགས་གྲུབ་བྱུང་ནས་གྲུབ་འབྲས་གལ་ཆེན་མང་པོ་ཐོབ་ཡོད།

"ཞུའི་ལུང་ཨང་རྟགས2པ"ནི་གོ་ལ་རྫིལ་པོའི་གྲུ་མགོ་དང་གྲུ་མཇུག་ཕྱོགས་གཉིས་ཀྱི་འཁྱགས་གཏོར་ལག་རྩལ་སྤྱད་པའི་གླིང་སྣེའི་ཚན་རིག་རྟོག་ཞིབ་ཀྱི་འཁྱགས་གཏོར་གྲུ་གཟིངས་དང་པོ་ཡིན་པ་དང་། གྲུའི་རིང་ཚད་ལ་སྨི122.5དང་ཞེང་ཚད་སྨི22.32 ཆུར་ནུབ་ཚད་སྨི7.85 ཆུ་ཕྱིར་གཏོང་ཚད་ཏུན13996 མཚོ་ཐོག་གི་མྱུར་ཚད་མཐོ་ཤོས་ཚན་པ15 མི90ཤོང་བ་དང་མཚོ་ལེ་ཁྲི2བསྡད་མར་བསྐྱོད་ཐུབ་པ་དང་། མཐུག་ཚད་ལ་སྨི1.5ཡོད་པའི་འཁྱགས་རོམ་ཁོར་ཡུག་ནང་དུ། མགྱོགས་ཤོས་ལ་ཚན་པ་གསུམ་གྱི་མྱུར་ཚད་ཐོག་ནས་བསྡད་མར་འཁྱགས་གཏོར་མཚོ་འགྲུལ་བྱེད་ཐུབ་པར་མ་ཟད། ད་དུང་སྣེ་ཁུལ་རང་ས་གནས་སུ་ཏུའུ360རང་དབང་འཁོར་སྐྱོད་བྱེད་ཐུབ་པ་དང་། སྣེ་ཁུལ་གྱི་སྨི20ཡོད་པའི་ལོ་དེའི་འཁྱགས་རོམ་ལས་བརྒལ་ཐུབ་པ་ཡིན།

"ཞུའི་ལུང་ཨང་རྟགས2པའི"སྒྲིག་ཆས་ལ་རྒྱལ་སྤྱིའི་སྔོན་ཐོན་གྱི་རྒྱ་མཚོའི་བརྟག་དཔྱད་དང་ལྟ་ཞིབ་ཚད་ལེན་སྒྲིག་ཆས་ཚང་བས། ཚན་རིག་རྟོག་ཞིབ་མ་ལག་གི་ཚད་མཐོའི་འདུས་གྲུབ་མངོན་འགྱུར་བྱེད་ཐུབ་ཅིང་། གླིང་སྣེའི་འཁྱགས་ཁུལ་གྱི་རྒྱ་མཚོའི་སྟེང་དུ་དངོས་ཁམས་རྒྱ་མཚོ་དང་རྒྱ་མཚོའི་རྫས་འགྱུར། སྐྱེ་དངོས་སྣ་མང་རང་བཞིན་ལ་བརྟག་དཔྱད་སོགས་ཀྱི་ཚན་རིག་རྟོག་ཞིབ་བྱེད་ཐུབ། འདི་ནི་ད་དུང་རིག་ནུས་ཅན་གྱི་གྲུ་གཟིངས་ཤིག་ཡིན་པར་མ་ཟད། ཐད་འཕུར་གནམ་གྲུ་ཞིག་ཀྱང་ཐེག་ཁྱེར་བྱས་ཡོད་པས། ཕྱུལ་དུ་བྱུང་བའི་མགོ་བསྟུན་འགན་ལེན་གྱི་འདེགས་སྐྱོར་ནུས་པ་ལྡན་ནོ། །

13 4万年前的青藏高原人
ལོ་ངོ་ཁྲི4སྔོན་གྱི་མཚོ་བོད་མཐོ་སྒང་གི་མི།

据2018年11月30日的《科学》杂志报道，中国科学家发现，人类早在3万至4万年前就已登上了高寒缺氧、资源稀缺、环境恶劣的青藏高原，并在海拔4600米处留下了清晰的印迹。这是世界范围内史前人类征服高海拔极端环境的最高、最早的记录，此前人类活动的最高遗迹发现于安第斯高原，其海拔高度为4480米，年代约1.2万年前。

原来，经过多年的调查、发掘和研究，科学家在藏北羌塘高原发现了一处具有原生地层的旧石器时代遗址，取名为“尼阿底遗址”。这里出土的一种扁平长直、两侧边平行、像刀一样的“石叶”，它主要用于刮东西，比如，能将毛皮上的脂肪刮干净。石叶是从附近的棱柱状石核上剥下来的，然后又经历了进一步加工。若只是偶尔出现过几个石叶，也许还不能断定它们是人类遗迹，但在这里发现的却是一个大型“石器制造场”，到处都有人类留下的石制品，它们的表面很锋利，显然是在原地被埋藏的石器，而非从其他地方冲刷过来的。

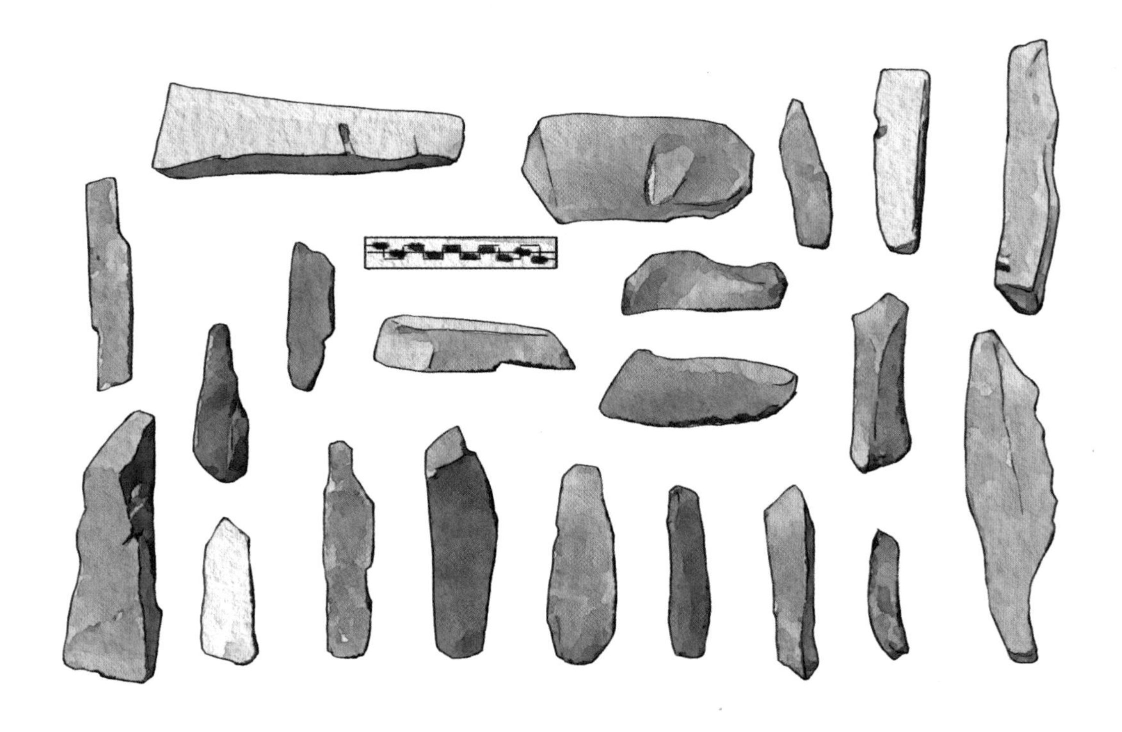

2018ལོའི་ཟླ11པའི་ཚེས30ཉིན་གྱི《ཚན་རིག》དུས་དེབ་སྟེང་དུ་སྤེལ་བའི་གནས་ཚུལ་ལྟར་ན། ཀྲུང་གོའི་ཚན་རིག་པས་མིའི་རིགས་ལོ་ངོ་ཁྲི3ནས་ཁྲི4བར་གྱི་སྔོན་དུ་མཐོ་སྒང་གསོ་རླུང་དཀོན་པ་དང་ཐོན་ཁུངས་དཀོན་པ། ཁོར་ཡུག་ཞན་པ་བཅས་ཀྱི་མཚོ་བོད་མཐོ་སྒང་གི་སྟེང་དུ་འཚོ་སྡོད་བྱས་ཤིང་ས་བབ་མཐོ་ཚད་སྨི4600ཡི་སར་རྗེས་ཤུལ་གསལ་པོ་བཞག་ཡོད་པ་ཤེས་རྟོགས་བྱུང་། འདི་ནི་འཛམ་གླིང་ཁྱབ་ཁོངས་ཀྱི་ལོ་རྒྱུས་སྔོན་གྱི་མིའི་རིགས་ཀྱིས་ས་བབ་མཐོ་བའི་ཐལ་དྲགས་ཁོར་ཡུག་འདུལ་བའི་ཟིན་ཐོ་མཐོ་ཤོས་དང་སྔ་ཤོས་ཡིན་ལ། འདིའི་སྔོན་གྱི་མིའི་རིགས་ཀྱི་འགྲུལ་སྐྱོད་རྗེས་ཤུལ་མཐོ་ཤོས་ནི་ཨན་ཏི་སི་མཐོ་སྒང་དུ་རྙེད་པ་དང་། དེའི་ས་བབ་མཐོ་ཚད་སྨི4480ཡིན་པ་དང་ལོ་རབས་ནི་ད་ལམ་ལོ་ངོ་ཁྲི1.2ཙམ་གྱི་སྔོན་ཡིན།

ལོ་ངོ་མང་པོའི་རིང་ལ་བརྟག་དཔྱད་དང་སྔོག་འདོན། ཞིབ་འཇུག་བཅས་བྱས་པ་བརྒྱུད་དེ། ཚན་རིག་པས་བོད་ཀྱི་བྱང་ཐང་མཐོ་སྒང་དུ་གདོད་མའི་ས་རིམ་ལྡན་པའི་རྡོ་ཆས་རྙིང་བའི་དུས་རབས་ཀྱི་གནའ་ཤུལ་ཞིག་རྙེད་པ་དང་། མིང་ལ“ཉ་དེའུ་གནའ་ཤུལ”ཞེས་བཏགས་ཡོད། དེ་ནས་ཐོན་པ་ནི་ལེབ་ཅིང་རིང་བ་དང་གཞོགས་གཉིས་མཉམ་གཤིབ་ཡིན་ཞིང་། གྲི་དང་འདྲ་བའི“རྡོའི་ལོ་མ”ཞིག་ཡིན། འདི་ཉིད་གཙོ་བོར་དངོས་པོ་འབྲད་བྱེད་དུ་བཀོལ་ཏེ། དཔེར་ན། པགས་པའི་སྟེང་གི་ཚིལ་གཙང་མར་འབྲད་ཐུབ། རྡོའི་ལོ་མ་ནི་ཉེ་འགྲམ་གྱི་ཀ་བའི་དབྱིབས་ཅན་གྱི་རྡོའི་ནང་སྙིང་ལས་བཤུས་པ་དང་། དེ་ནས་མུ་མཐུད་དུ་ལས་སྣོན་བྱས་སྒྲུང་བ་ཞིག་ཡིན། གལ་ཏེ་འདི་ནི་སྟེས་དབང་དུ་བྱུང་བའི་རྡོའི་ལོ་མ་འགའ་ཡིན་ན། མིའི་རིགས་ཀྱི་རྗེས་ཤུལ་ཡིན་པར་ཁ་ཚོན་གཅོད་མི་ཐུབ་མོད། ཡིན་ནའང་དེ་ནས་མཐོང་བ་ནི“རྡོ་ཆས་བཟོ་སྐྲུན་ར་བ་ཆེན་པོ”ཞིག་ཡིན་པ་དང་། གང་ས་གང་དུ་མིའི་རིགས་ཀྱིས་བཞག་པའི་རྡོའི་ཐོན་ཟས་ཡོད་པ་དང་ཕྱི་ངོས་ཏ་ཅང་རྙེ་བས། འདི་ནི་སྔར་གནས་སུ་སྤྲས་པའི་རྡོ་ཆས་ཡིན་པ་ལས་ས་ཆ་གཞན་ནས་ཁྱེར་འོང་བ་ཞིག་མིན་པ་མངོན་གསལ་རེད་དོ། །

14 首次环球海洋综合科考
གོ་ལ་ཁྱིལ་པོའི་རྒྱ་མཚོའི་ཕྱོགས་བསྡུས་ཚན་རིག་རྟོག་ཞིབ་ཐོག་མ།

2018年5月18日，以“向阳红1号”的成功返航为标志，我国首次环球海洋综合科考任务终于顺利完成啦！这是一次重大活动，开启了我国深海和远海科考的历史新篇章。

科考队由25家单位的183名科考队员组成，历时263天，经由6个航段80个航次，超过7万公里行程，跨越了印度洋、南大西洋、整个太平洋和南极地区等，实现了资源、环境、气候三位一体的高度融合，取得了多项突破性成果。

特别是在南极海域的34个航次中，开创了多个首次。比如，首次将大洋与极地科考整合在一起，对我国南极科考相对薄弱的大西洋扇区进行了大范围扫描；首次将我国南极科考区域，由传统的西经45度向东扩展到了西经37度海域；首次在南极鲍威尔海成功布放了2套深水潜标，开创了我国利用潜标对南极大西洋扇区海洋环境实施长期观测的历史；首次在南极大西洋扇区开展了高分辨率的地震探测，并在这里首次发现了海洋微塑料等。

2018ལོའི་ཟླ་5པའི་ཚེས་18ཉིན་“ཤར་དབྱང་ཧུང་ཨང་རྟགས་1པ”བདེ་ཐག་དང་ཕྱིར་ལོག་པས། རང་རྒྱལ་གྱི་གོ་ལ་ཧྲིལ་པོའི་རྒྱ་མཚོའི་ཕྱོགས་བསྐུས་ཚན་རིག་རྟོག་ཞིབ་ལས་འགན་ཐོག་མ་བདེ་ཐག་དང་ལེགས་གྲུབ་བྱུང་བ་མངོན་པར་མཚོན་ཞིང་། དེ་ནི་བྱེད་སྒོ་གལ་ཆེན་ཞིག་ཡིན་པ་དང་རང་རྒྱལ་གྱི་མཚོ་གཏིང་དང་རྒྱང་རིང་མཚོ་སྙིང་ཚན་རིག་རྟོག་ཞིབ་ལོ་རྒྱུས་ཀྱི་ལེའུ་གསར་བ་ཞིག་གི་མགོ་བརྩམས་པ་ཡིན།

ཚན་རིག་རྟོག་ཞིབ་རུ་ཁག་ནི་ལས་ཁུངས་25ཡི་ཚན་རིག་རྟོག་ཞིབ་ཁོངས་མི་183ལས་གྲུབ་པ་དང་། དུས་ཡུན་ཉིན263རིང་ལ་མཚོ་འགྲུལ་དུས་བྱ6ཡི་གྲུ་ཐེངས80བརྒྱུད་ཅིང་སྤྱི་ལེ་ཁྲི7ལས་བརྒལ་བ་དང་། ཧིན་རྡུ་རྒྱ་མཚོ་ཆེན་པོ་དང་ནུབ་རྒྱ་མཚོ་ཆེན་པོ། ཞི་བདེ་རྒྱ་མཚོ་ཆེན་མོ་ཧྲིལ་པོ། ལྷོ་སྙིའི་ས་ཁུལ་སོགས་བརྒལ་ནས་ཐོན་ཁུངས་དང་ཁོར་ཡུག གནམ་གཤིས་བཅས་ཕྱོགས་གསུམ་གཞི་གཅིག་ཅན་གྱི་ཚད་མཐོའི་མཉམ་འདྲེས་བྱས་ཏེ། ཐོད་རྒལ་རང་བཞིན་གྱི་གྲུབ་འབྲས་མང་པོ་བླངས་ཡོད།

ལྷག་པར་དུ་ལྷོ་སྙིའི་མཚོ་ཁོངས་ཀྱི་གྲུ་ཐེངས34ཡི་ནང་དུ། ཐོག་མ་མང་པོ་བསྐྲུན་ཡོད་དེ། དཔེར་ན། ཐོག་མར་རྒྱ་མཚོ་ཆེན་པོ་དང་གླིང་སྙིའི་ཚན་རིག་རྟོག་ཞིབ་མཉམ་དུ་སྤྲོད་སྒྲིལ་བྱས་ནས་རང་རྒྱལ་གྱི་ལྷོ་སྙིའི་ཚན་རིག་རྟོག་ཞིབ་ལྟོས་བཅས་ཀྱིས་ཞན་པའི་ནུབ་རྒྱ་མཚོ་ཆེན་པོའི་རླུང་གཡབ་ཁུལ་ལ་ཁྱབ་ཁོངས་ཆེན་པོས་བཤེར་འབེབས་བྱས་པ་དང་། ཐོག་མར་རང་རྒྱལ་གྱི་ལྷོ་སྙིའི་ཚན་རིག་རྟོག་ཞིབ་ས་ཁོངས་སུ་སྲོལ་རྒྱུན་ནུབ་ཀྱི་གཞུང་ཐིག་ཏུའུ45ནས་ཤར་ཕྱོགས་སུ་ནུབ་ཀྱི་གཞུང་ཐིག་ཏུའུ37མཚོ་ཁོངས་སུ་རྒྱ་བསྐྱེད་བཏང་། ཐོག་མར་ལྷོ་སྙིའི་པའོ་ལེར་ཧའེ་རུ་ཚུ་གཏིང་ཟབ་པའི་གཏིང་རྟགས་ཆ་ཚང2བདེ་ཐག་དང་བཞག་ནས། རང་རྒྱལ་གྱིས་མི་མངོན་པའི་མཚོན་རྟགས་སྤྲུད་དེ་ལྷོ་སྙིའི་ནུབ་རྒྱ་མཚོ་ཆེན་པོའི་རླུང་གཡབ་ཁུལ་གྱི་རྒྱ་མཚོའི་ཁོར་ཡུག་ལ་ཡུན་རིང་ལྟ་ཞིབ་ཚད་ལེན་བྱེད་པའི་ལོ་རྒྱུས་བསྐྲུན་ཡོད། ཐོག་མར་ལྷོ་སྙིའི་ནུབ་རྒྱ་མཚོ་ཆེན་པོའི་རླུང་གཡབ་ཁུལ་དུ་དབྱེ་འབྱེད་ཚད་མཐོ་བའི་ས་ཡོམ་འཚོལ་ཞིབ་ཚད་ལེན་བྱས་པ་དང་། དུས་མཚུངས་སུ་འདི་གར་རྒྱ་མཚོའི་འཁྱིག་ཤོག་ཕྲ་མོ་སོགས་ཤེས་རྟོགས་བྱུང་།

15 许昌人化石

ཞུས་ཁྲང་མིའི་འགྱུར་རྡོ།

据2017年3月3日的《科学》杂志报道，河南许昌出土了两件距今10.5万年至12.5万年的新型古人类化石——许昌人化石。消息一出，立即引起国内外学术界和媒体的极大关注，许多国际顶端学术期刊都发表了专题评论，认为该发现填补了古老型人类向早期现代人过渡阶段，中东亚地区古人类演化的空白。该发现还被评为“2017年中国科学十大进展”之一。

原来，全球古人类学界对在中国境内发现的中更新世晚期至晚更新世早期过渡阶段古人类成员的演化地位一直存在争议，即，他们在现代人的出现与演化过程中到底扮演了什么角色，他们到底是由本地古人类连续进化而来的呢，还是外来人群的成功入侵者？这次许昌人化石，为解开这些谜团提供了重要信息。

实际上，经过十余年的不懈努力，终于揭开了许昌人的若干惊人秘密。比如，他们竟是一种新型的古老人类，其颅骨既具有东亚古人的特点，又兼具尼安德特人的枕骨和内耳形态，呈现出演化上的区域连续性和区域间种群交流的动态性。

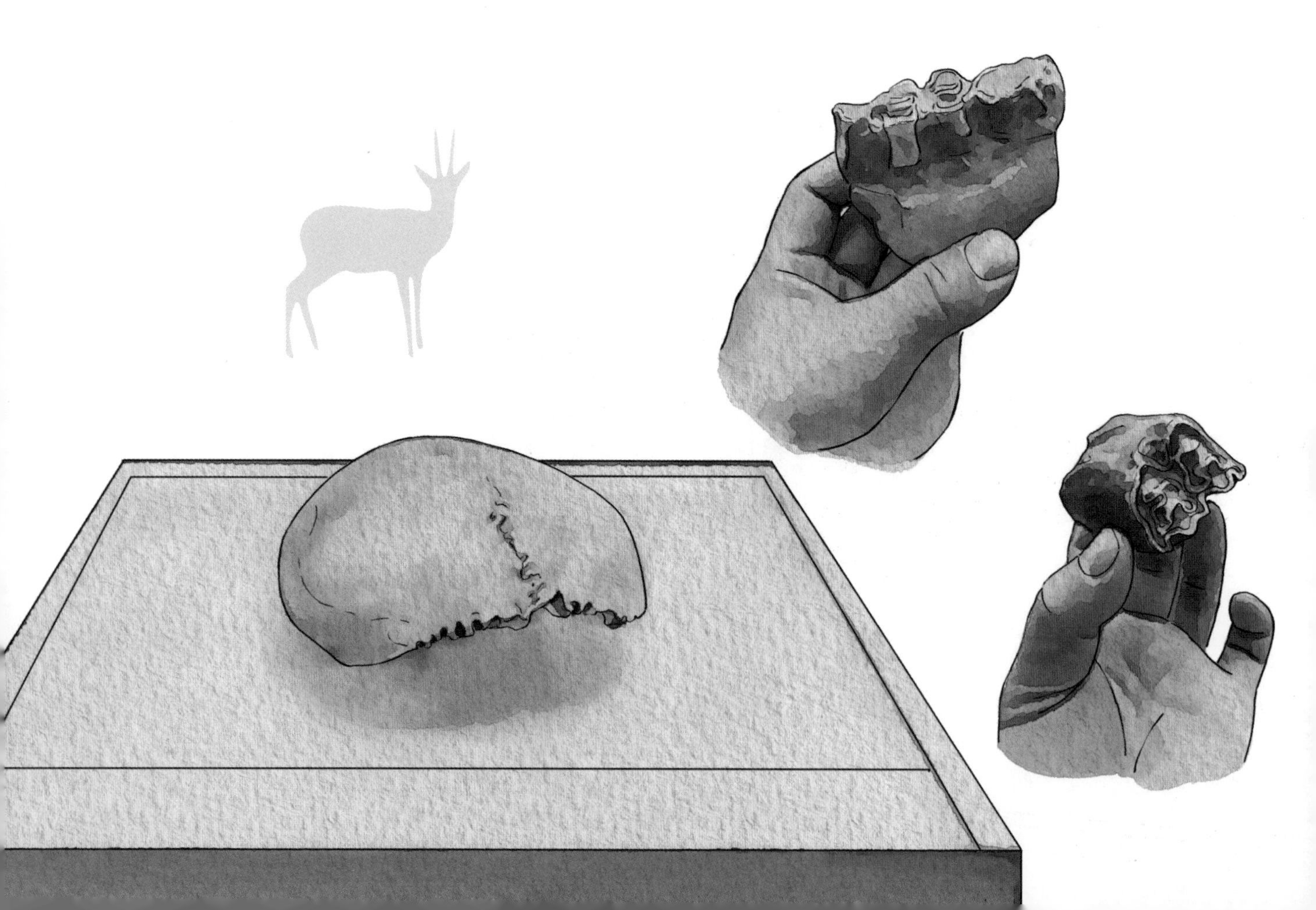

2017ལོའི་ཟླ3པའི་ཚེས3ཉིན་གྱི《ཚན་རིག》དུས་དེབ་སྟེང་དུ་སྤེལ་བའི་གནས་ཚུལ་ལྟར་ན། ཧོ་ནན་ཞུས་ཁྲང་དུ་ད་ལྟའི་བར་དུ་ལོ་ངོ་ཁྲི10.5ནས་ཁྲི12.5བར་གྱི་གནའ་བོའི་མིའི་རིགས་ཀྱི་འགྱུར་རྗོ་གསར་པ་གཉིས་རྙེད་ཅིང་། དེ་ནི་ཞུས་ཁྲང་མིའི་འགྱུར་རྗོ་ཡིན། གནས་ཚུལ་འདི་བསྒྲགས་མ་ཐག་ཏུ། རྒྱལ་ཁབ་ཕྱི་ནང་གི་རིག་གཞུང་ལས་རིགས་དང་སྨན་སྦྱོར་གྱིས་འཕྲལ་མར་དོ་ཁུར་ཆེན་པོ་བྱས་པ་དང་། རྒྱལ་སྤྱིའི་ཡང་རྩེའི་རིག་གཞུང་དུས་དེབ་མང་པོས་ཆེད་དོན་དཔྱད་གཏམ་སྤེལ་ཏེ། ཞིབ་རྟོགས་འདིས་གནའ་བོའི་ལུགས་ཀྱི་མིའི་རིགས་ནས་ད་དུས་དེང་རབས་མིའི་བར་བརྒྱལ་དུས་མཚམས་སུ་ཨེ་ཤ་ཡ་ཤར་མའི་ས་ཁུལ་གྱི་གནའ་བོའི་མིའི་རིགས་ཀྱི་རིམ་འགྱུར་གྱི་སྟོང་ཆ་བསྐངས་ཡོད་པར་ངོས་འཛིན་བྱས། ཞིབ་རྟོགས་འདི་ད་དུང“2017ལོའི་ཀྲུང་གོའི་ཚན་རིག་གི་གོང་འཕེལ་ཆེན་པོ་བཅུའི”ཁྲོད་དུ་བདམས།

དོན་དངོས་སུ་གོ་ལ་ཕྱིལ་པོའི་གནའ་བོའི་མིའི་རིགས་ཀྱི་རིག་གཞུང་ལས་རིགས་ཀྱིས་ཀྲུང་གོའི་མངའ་ཁོངས་སུ་ཞིབ་རྟོགས་བྱུང་བའི་དཀྱིལ་གྱི་གསར་བརྗེའི་རབས་དུས་མཇུག་ནས་མཇུག་གི་གསར་བརྗེའི་རབས་ཐོག་མའི་དུས་ཀྱི་བར་བརྒྱལ་དུས་མཚམས་ཀྱི་གནའ་བོའི་མིའི་རིགས་ཀྱི་ཁོངས་མིའི་རིམ་འགྱུར་གནས་བབ་ལ་ཐོག་མཐའ་བར་གསུམ་དུ་རྩོད་གཞི་ཡོད་པ་སྟེ། ཁོ་ཚོས་དེང་རབས་ཀྱི་མི་རྣམས་འབྱུང་ཁུངས་དང་འཕེལ་འགྱུར་གྱི་གོ་རིམ་ཁྲོད་དུ་ནུས་པ་ཅི་ཞིག་བཏོན་ཡོད་པ་དང་། ཁོ་ཚོ་ནི་དོན་དངོས་སུ་ས་དེའི་གནའ་བོའི་མིའི་རིགས་ཀྱིས་བསྟུད་མར་འཕེལ་འགྱུར་ལས་བྱུང་བ་ཡིན་ནམ། ཡང་ན་ཕྱི་ནས་ཡོང་བའི་མི་ཚོགས་ཀྱིས་བཙན་འཛུལ་བྱས་པ་ཡིན་ཚུལ་ལ་དོགས་པ་ཡོད་པས། ད་ཐེངས་ཀྱི་ཞུས་ཁྲང་མིའི་འགྱུར་རྗོ་ཡིས་གསང་བ་འདི་དག་འགྲོལ་བར་ཆ་འཕྲིན་གལ་ཆེན་མཁོ་འདོན་བྱས་ཡོད།

ལོ་ངོ་བཅུ་ལྷག་ལ་འབད་བརྩོན་ལྷོད་མེད་བྱས་མཐར། ཞུས་ཁྲང་མིའི་ཏ་ལས་དགོས་པའི་གསང་བ་འགའ་བརྗོལ་ཡོད་དེ། དཔེར་ན། ཁོ་ཚོ་ནི་གནའ་བོའི་མིའི་རིགས་གསར་པ་ཞིག་ཡིན་པ་དང་། འདིའི་མགོ་ཏུས་ལ་ཨེ་ཤ་ཡ་ཤར་མའི་གནའ་མིའི་ཁྱད་ཆོས་ལྡན་ཞིང་། ཉེ་ཨན་ཏེ་ཐའི་མིའི་ལྟག་ཏུས་དང་རྣ་ཡི་རྣམ་པའང་ལྡན་པས། རིམ་འགྱུར་ཐད་ཀྱི་ས་ཁོངས་རྒྱུན་མཐུད་རང་བཞིན་དང་ས་ཁོངས་བར་གྱི་བྲྒྱུ་ཚོགས་སྤེལ་རེས་ཀྱི་འགྲུལ་ཚུལ་རང་བཞིན་མངོན་ཡོད་དོ། །

16 东亚最早的现代人化石

ཤེ་ཁ་ཡ་ཤར་མའི་ཆེས་སྔ་བའི་དེང་རབས་མིའི་འགྱུར་རྡོ།

据2015年10月29日的《自然》杂志报道，中国科学家领衔的中英科学家团队，发现了迄今最早的现代智人在中国华南地区出现的化石证据，填补了现代智人在东亚地区最早出现时间和地理分布的空白。这是继2010年广西智人洞下颌骨发现后，中国学者在东亚现代人起源方面取得的又一项重大突破，对探讨现代人在欧亚地区的出现和扩散具有非常重要的意义。这次发现，更是有力挑战了“中国没有6万年前的现代人”这一国际主流观点。原来，此前大家一致认为：现代人于19万年前起源于非洲，6万年前才扩散到欧亚大陆，成为当地现代人的祖先。

具体说来，科学家们在湖南省道县福岩洞发现了47枚人类牙齿化石以及大量动物化石。这些牙齿的尺寸较小，明显小于欧洲、非洲和亚洲更新世中晚期人类的牙齿，位于现代人变异范围，牙齿的齿冠和齿根呈典型的现代智人特征。这说明道县人类牙齿已具有完全现代形态，可明确归入现代智人。测量结果表明，这批人类化石的埋藏年代在8万年至12万年前。

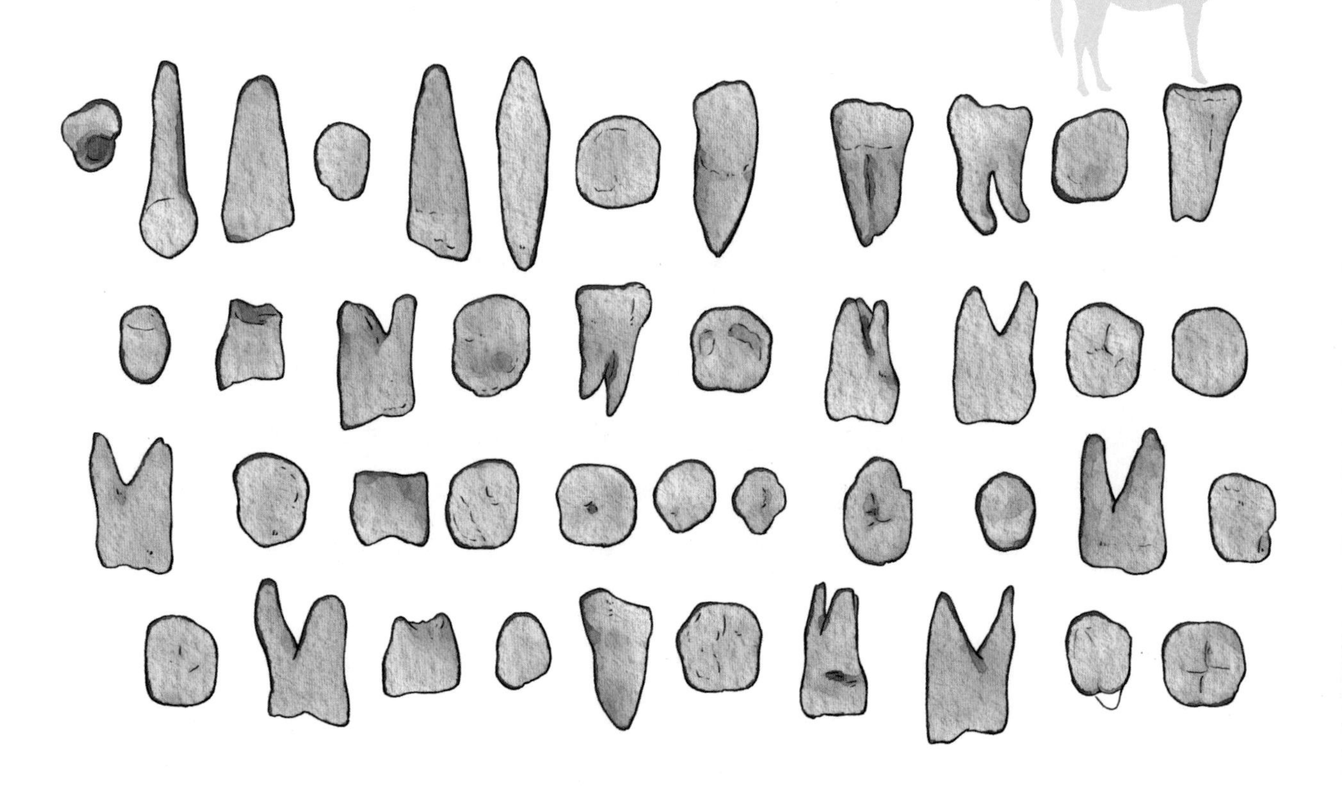

2015ལོའི་ཟླ་10པའི་ཚེས་29ཉིན་གྱི《རང་བྱུང》དུས་དེབ་སྟེང་དུ་སྤེལ་བའི་གནས་ཚུལ་ལྟར་ན། ཀྲུང་གོའི་ཚན་རིག་པས་སྡེ་ཁྲིད་པའི་ཀྲུང་དབྱིན་ཚན་རིག་མཁས་དབང་ཚོགས་པས། ད་ལྟའི་བར་གྱི་ཆེས་སྔ་བའི་དེང་རབས་ཀྱི་བློ་ལྡན་མི་ནི་ཀྲུང་གོའི་ཧུ་ནན་ས་ཁུལ་དུ་ཐོན་པའི་འགྱུར་རྡོའི་དཔང་རྟགས་རྙེད་པས། དེང་རབས་ཀྱི་བློ་ལྡན་མི་ནི་ཨེ་ཤ་ཡ་ཤར་མའི་ས་ཁུལ་དུ་འཚོ་སྡོད་བྱས་པའི་དུས་ཚོད་དང་ས་ཁམས་ཁྱབ་སྟངས་སྔ་ཤོས་ཀྱི་སྟོང་ཆ་བསྐངས། འདི་ནི2010ལོར་ཀོང་ཞིའི་བློ་ལྡན་མིའི་བྲག་ཕུག་འོག་གི་མ་མགལ་ཤེས་རྟོགས་བྱུང་རྗེས་ཀྲུང་གོའི་མཁས་པས་ཨེ་ཤ་ཡ་ཤར་མའི་དེང་རབས་མིའི་འབྱུང་ཁུངས་ཐད་ནས་ཐོབ་པའི་ཐོད་རྒྱལ་གལ་ཆེན་ཞིག་ཡིན་པས། དེང་རབས་མི་ནི་ཡོ་རོབ་དང་ཨེ་ཤ་ཡ་ས་ཁུལ་དུ་ཐོན་པ་དང་ཁྱབ་འགྱེད་དཔྱད་བསྡུར་བྱེད་པར་དོན་སྙིང་གལ་ཆེན་ལྡན། ད་ཐེངས་ཀྱི་ཤེས་རྟོགས་ལས། "ཀྲུང་གོ་ནས་ལོ་ངོ་ཁྲི6སྔོན་གྱི་དེང་རབས་མི་མེད་པ"ཞེས་པའི་རྒྱལ་སྤྱིའི་གཙོ་རྒྱུག་ལྟ་བ་དེར་འགྲན་སློང་ནུས་ལྡན་བྱས། སྔོན་ཆད་ཚང་མས་དེང་རབས་མི་ལོ་ཁྲི19ཡི་སྔོན་ལ་ཨ་ཧྥེ་རི་ཁ་ནས་བྱུང་བ་དང་། ལོ་ངོ་ཁྲི6སྔོན་ལ་གཞི་ནས་ཡོ་རོབ་དང་ཨེ་ཤ་ཡའི་སྐམ་ས་ཆེན་མོར་ཁྱབ་པ་དང་། ས་གནས་དེ་གའི་དེང་རབས་མིའི་མེས་པོར་གྱུར་པར་འདོད་པ་ཡིན།

ཞིབ་ཏུ་བཤད་ན། ཚན་རིག་པ་རྣམས་ཀྱིས་ཧུའུ་ནན་ཞིང་ཆེན་དའོ་རྫོང་ཧྥུ་ཡན་བྲག་ཕུག་ནས་མིའི་རིགས་ཀྱི་སོའི་འགྱུར་རྡོ47དང་སྲོག་ཆགས་ཀྱི་འགྱུར་རྡོ་འབོར་ཆེན་རྙེད་ཅིང་། སོ་འདི་དག་ཅུང་ཆུང་སྟེ། ཡོ་རོབ་དང་ཧྥེ་གླིང་། ཡ་གླིང་བཅས་ཀྱི་དུས་རབས་བར་མའི་དུས་མཇུག་གི་མིའི་རིགས་ཀྱི་སོ་ལས་མངོན་གསལ་གྱིས་ཆུང་ལ། དེང་རབས་མིའི་གཞན་འགྱུར་གྱི་ཁྱབ་ཁོངས་སུ་གནས་པ་དང་། སོའི་སོ་རྩེ་དང་སོ་རྩ་གཉིས་ལ་དེང་རབས་ཀྱི་མིའི་ཁྱད་ཆོས་ལྡན་ཞིང་། འདིས་དའོ་རྫོང་གི་མིའི་རིགས་ཀྱི་སོ་ལ་དེང་རབས་ཀྱི་རྣམ་པ་ཡོངས་སུ་ལྡན་པ་དང་། དེང་རབས་ཀྱི་བློ་ལྡན་མིའི་ཁོངས་སུ་གཏོགས་པ་གསལ་པོར་མཚོན་ཡོད། ཚད་ལེན་བྱས་འབྲས་ལས་མངོན་པ་ལྟར་ན། མིའི་རིགས་ཀྱི་འགྱུར་རྡོ་འདི་དག་ས་འོག་ཏུ་སྦས་པའི་ལོ་རབས་ནི་ལོ་ཁྲི8ནས་ཁྲི12བར་གྱི་སྔོན་ཡིན་པ་གསལ་བཤད་བྱས་ཡོད།

17 汶川大地震揭秘
ལྷན་ཁྲིན་ས་ཡོམ་ཆེན་པོའི་གསང་བ་ཕྱིར་འདོན་པ།

据2014年5月的《自然》杂志报道，中国科学家经过三年多的不懈努力，终于以前所未有的高清晰度，首次获得了青藏高原东部结构的三维地震成像，并在地壳的深部发现了广泛存在的具有低速剪切波的中下层地壳，还发现了这些地壳在大断层控制下的结构变化特征。由此证实了这样一个重要事实，即青藏高原正在向东扩张，且导致该扩张的原因可能是如下两股力量的结合：一是下层地壳深部黏性物质的向东蠕动，二是上层地壳沿大断层的向东刚性滑移。形象地说，该成果揭示了2008年四川汶川大地震的深层次原因，将有助于理解青藏高原东缘地区的地震活动方式。

该项成果一经发表就引起了国内外的广泛关注，国外同行认为它“将加深对青藏高原东缘动力学过程的认知”，国内同行认为它“为我国大规模流动地震台阵列的观测研究提供了最佳实例”且“已成为地震局系统和地震学探测研究的标准”，它还被评为“2014年度中国十大科技进展”之一。

2014ལོའི་ཟླ5པའི《རང་བྱུང》དུས་དེབ་སྟེང་དུ་སྤེལ་བའི་གནས་ཚུལ་ལྟར་ན། ཀྲུང་གོའི་ཚན་རིག་པས་ལོ་ངོ་གསུམ་ལྷག་གི་རིང་ལ་འབད་བརྩོན་ལྷོད་མེད་བྱས་པ་བརྒྱུད་ནས། སྔར་བྱུང་མྱོང་མེད་པའི་དྭངས་ཚད་ངེས་ནས་མཚོ་བོད་མཐོ་སྒང་ཤར་རྒྱུད་གྲུབ་ཆའི་རྩ་གསུམ་ས་ཡོམ་གྱི་བརྙན་གྲུབ་ཐེངས་དང་པོ་ཐོབ་པར་མ་ཟད། ས་ཤུན་གྱི་གཏིང་ངོས་སུ་རྒྱ་ཁྱབ་ཏུ་གནས་པའི་མྱུར་ཚད་དམའ་བའི་གཏུབ་རླབས་ལྡན་པའི་དཀྱིལ་འོག་གི་ས་ཤུན་རྙེད་པ་དང་། ད་དུང་ས་ཤུན་གྱི་གས་སྲུབས་ཆེན་པོའི་འོག་གི་གྲུབ་ཆའི་འགྱུར་ལྡོག་གི་ཁྱད་ཆོས་ཀྱང་ཤེས་རྟོགས་བྱུང་ཡོད་པས། འདིའི་ཐོག་ནས་དོན་དངོས་གལ་ཆེན་འདི་འདྲ་ཞིག་ར་སྤྲོད་བྱས་ཡོད་དེ། མཚོ་བོད་མཐོ་སྒང་ཤར་ཕྱོགས་སུ་རྒྱ་སྐྱེད་བྱེད་བཞིན་ཡོད་པར་མ་ཟད། རྒྱ་སྐྱེད་པའི་རྒྱུ་རྐྱེན་ནི་གཤམ་གསལ་གྱི་སྟོབས་ཤུགས་གཉིས་ཟུང་འབྲེལ་བྱས་སྲིད་པ་སྟེ། གཅིག་ནི་འོག་རིམ་ས་ཤུན་གཏིང་རིམ་གྱི་འབྱར་བག་ཅན་གྱི་དངོས་པོ་ཤར་ཕྱོགས་སུ་ནུར་འགུལ་བྱས་པ་དང་། གཉིས་ནི་ས་ཤུན་གྱི་གས་སྲུབས་ཆེན་པོ་བརྒྱུད་ནས་ཤར་ཕྱོགས་སུ་སྲ་གཤིས་འདྲེད་སྒོ་བྱས་པ་ཡིན། གྲུབ་འབྲས་འདིའི་ཐོག་ནས2008ལོའི་སི་ཁྲོན་ལྷན་ཁྲིན་གྱི་ས་ཡོམ་ཆེན་པོའི་རྒྱུ་རྐྱེན་ཟབ་མོ་གསལ་སྟོན་བྱས་ཡོད་པས། མཚོ་བོད་མཐོ་སྒང་ཤར་རྒྱུད་ས་ཁུལ་གྱི་ས་ཡོམ་རྒྱུག་སྟངས་ཤེས་རྟོགས་བྱེད་པར་ཕན་ནུས་ལྡན།

གྲུབ་འབྲས་འདི་སྤེལ་མ་ཐག་རྒྱལ་ཁབ་ཕྱི་ནང་གི་དོ་ཁུར་རྒྱ་ཁྱབ་ཐོབ་པ་དང་། ཕྱི་རྒྱལ་གྱི་ལས་རིགས་གཅིག་པས་འདིས་མཚོ་བོད་མཐོ་སྒང་གི་ཤར་འབྲེལ་སྒུལ་ཤུགས་རིག་པའི་བརྒྱུད་རིམ་ལ་ངོས་འཛིན་ཟབ་ཏུ་བཏང་ཞིང་། རྒྱལ་ནང་གི་ལས་རིགས་གཅིག་པས་འདིས“རང་རྒྱལ་གྱི་གཞི་ཁྱོན་ཆེ་བའི་སྐོར་སྐྱོད་ས་ཡོམ་སྟེགས་བུའི་ལྟ་ཞིབ་ཚད་ལེན་ཞིབ་འཇུག་ལ་དཔེ་དངོས་ཡག་ཤོས་མཁོ་འདོན་བྱས་ཡོད”པ་དང་། “ས་ཡོམ་ཅུས་ཀྱི་མ་ལག་དང་ས་ཡོམ་རིག་པའི་འཚོལ་ཞིབ་ཞིབ་འཇུག་གི་ཚད་གཞི་ཞིག་ཏུ་གྱུར་ཡོད”ཅེས་ངོས་འཛིན་བྱེད་བཞིན་ཡོད་ལ། ད་དུང“2014ལོའི་ཀྲུང་གོའི་ཚན་རྩལ་གོང་འཕེལ་ཆེན་པོ་བཅུའི”ཁྲོད་དུ་བདམས།

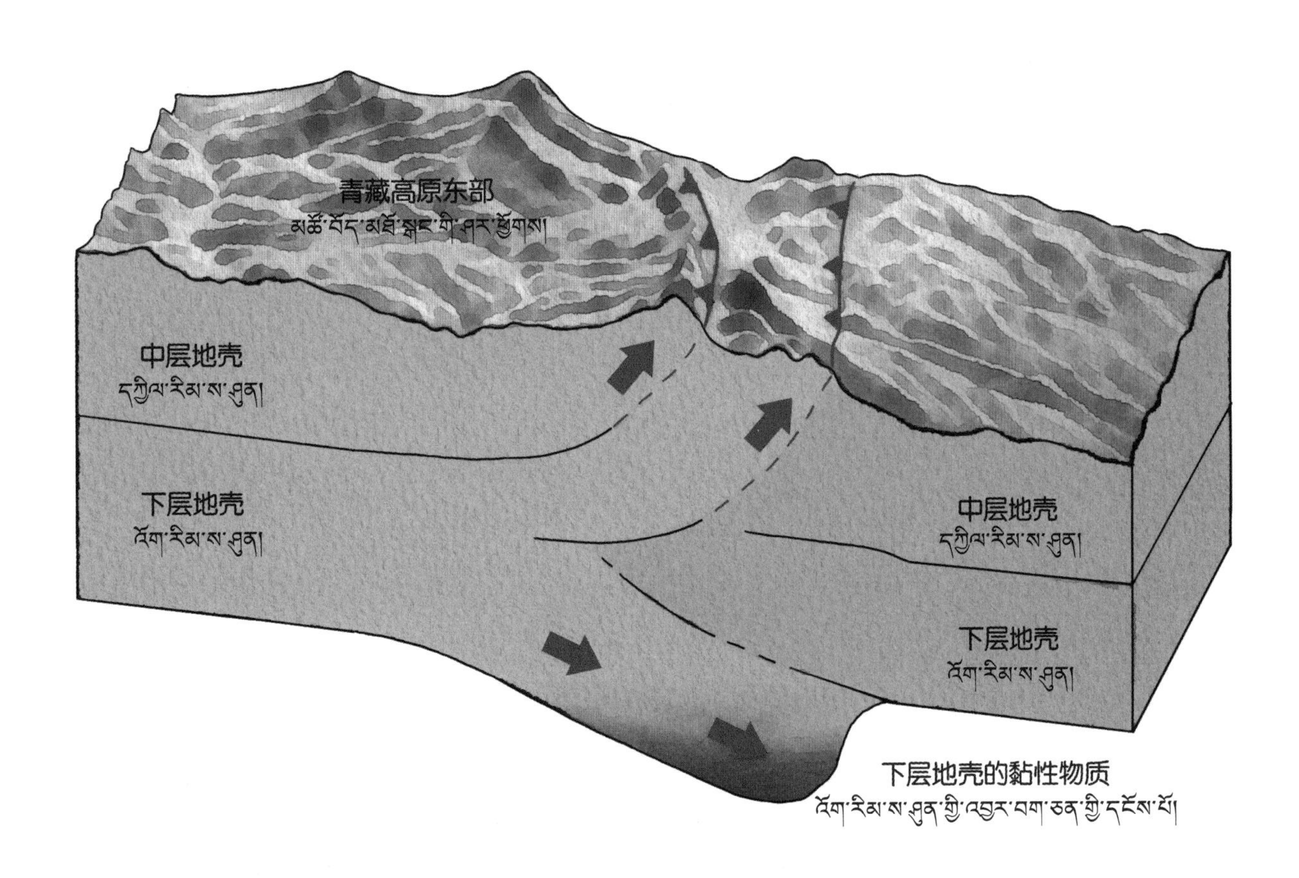
青藏高原东部
མཚོ་བོད་མཐོ་སྒང་གི་ཤར་ཕྱོགས།
中层地壳
དཀྱིལ་རིམ་ས་ཤུན།
下层地壳
འོག་རིམ་ས་ཤུན།
中层地壳
དཀྱིལ་རིམ་ས་ཤུན།
下层地壳
འོག་རིམ་ས་ཤུན།
下层地壳的黏性物质
འོག་རིམ་ས་ཤུན་གྱི་འབྱར་བག་ཅན་གྱི་དངོས་པོ།

18 二叠纪与三叠纪之交的生物大灭绝

ཉིས་བརྩེགས་དུས་རབས་དང་གསུམ་བརྩེགས་དུས་རབས་འབྲེལ་མཚམས་ཀྱི་སྐྱེ་དངོས་རྩ་མེད།

在“2012年度中国科学十大进展”的榜单中，有一项成果可能深受大家关注，它就是“二叠纪至三叠纪之交的生物大灭绝模式及其原因分析”。虽然恐龙不是此次大灭绝的牺牲品，但这次灭绝事件其实更惨。实际上，地球上曾发生过至少五次生物大灭绝事件，虽然每次惨案的原因和惨烈程度都各不相同，但发生在约2.5亿年前二叠纪末的那次生物大灭绝才最具灾难性，以至约95%的生物都被一扫而光，以至地球的生态系统历经了近500万年才得以复苏。

而本成果则是要侦破这次最大惨案的精确时间、速度和过程，搞清当时的生物们是如何灭绝的，原因又是什么等问题。原来，这次惨案发生在252.28±0.08百万年前，生物们在不超过20万年间就全军覆没。灭绝的主要原因是：在二叠纪末，由于大规模的地下岩浆活动与火山喷发等，造成温室气体快速释放并聚焦。最终，在剧烈温室效应的作用下，地球海陆生态系统同时在极短时间内全面崩溃，以至生物们被活活热死。

“2012ལོའི་ཀྲུང་གོའི་ཚན་རིག་གི་གོང་འཕེལ་ཆེན་པོ་བཅུ”ཡི་མིང་ཐོའི་ནང་དུ། གྲུབ་འབྲས་ཤིག་ལ་ཚང་མས་དོ་ཁུར་ཆེན་པོ་བྱེད་བཞིན་ཡོད། དེ་ནི“ཉིས་བརྩེགས་དུས་རབས་ནས་གསུམ་བརྩེགས་དུས་རབས་བར་གྱི་སྐྱེ་དངོས་རྩ་མེད་དུ་འགྲོ་བའི་རྣམ་པ་དང་དེའི་རྒྱུ་རྐྱེན་ལ་དབྱེ་ཞིབ”ཅེས་པ་དེ་རེད། སྲིན་འབྲུག་ནི་ཐེངས་འདིའི་རྩ་མེད་དུ་བཏང་བའི་སླུད་རྫས་མིན་མོད། འོན་ཀྱང་ཐེངས་འདིར་རྩ་མེད་དུ་བཏང་བའི་དོན་རྐྱེན་ནི་དེ་བས་ཀྱང་ཡ་ང་བ་ཞིག་ཡིན། དོན་དངོས་སུ་སའི་གོ་ལའི་སྟེང་དུ་ཆེས་ཉུང་ནའང་སྐྱེ་དངོས་རྩ་མེད་དུ་སོང་བའི་དོན་རྐྱེན་ཐེངས་ལྔ་བྱུང་ཞིང་། ཉམ་ང་བའི་ཆག་སྐྱོ་རེ་རེའི་རྒྱུ་རྐྱེན་དང་ཉམ་ཆག་གི་ཚད་མི་འདྲ་ནའང་། ད་ལམ་ལོ་ངོ་དུང་ཕྱུར2.5ཡི་སྔོན་གྱི་ཉིས་བརྩེགས་དུས་རབས་དུས་མཇུག་ཏུ་བྱུང་བའི་སྐྱེ་དངོས་རྩ་མེད་སོང་ཐེངས་དེ་ནི་གནོད་ཚབས་ཆེས་ཆེར་ལྡན་པ་ཞིག་སྟེ། ཐ་ན་སྐྱེ་དངོས་དག་གི95%ཙམ་རྩ་མེད་དུ་བཏང་ཞིང་། སའི་གོ་ལའི་སྐྱེ་ཁམས་མ་ལག་ཀྱང་ལོ་ངོ་ཁྲི500བརྒྱུད་རྗེས་ད་གཟོད་སླར་གསོ་བྱུང་བ་ཡིན།

གྲུབ་འབྲས་འདིས་ཐེངས་འདིར་ཉམ་ཆག་ཆེན་པོ་བྱུང་བའི་དུས་ཚོད་དང་། མྱུར་ཚད། བརྒྱུད་རིམ་ལ་མྱུལ་ཞིབ་རྩད་ཆོད་བྱས་ཏེ། སྐབས་དེའི་སྐྱེ་དངོས་རྣམས་ཇི་ལྟར་རྩ་མེད་དུ་བཏང་བ་དང་དེའི་རྒྱུ་རྐྱེན་གང་ཞིག་ཡིན་པ་གསལ་པོར་བྱས་ཡོད་དེ། མ་གཞིར་ཐེངས་འདིའི་ཉམ་ཆག་ཆེན་པོ་དེ་ནི་ལོ་ངོ252.28±0.08ཡི་སྔོན་དུ་བྱུང་ཞིང་། སྐྱེ་དངོས་རྣམས་ལོ་ངོ་ཁྲི20ལས་མི་བརྒལ་བར་ཐམས་ཅད་རྩ་མེད་དུ་སོང་། རྩ་མེད་དུ་སོང་བའི་རྒྱུ་རྐྱེན་གཙོ་བོ་ནི། ཉིས་བརྩེགས་དུས་རབས་ཀྱི་དུས་མཇུག་ཏུ། ས་འོག་གི་བྲག་ཞུན་གཞི་ཁྱོན་ཆེན་པོའི་འགུལ་སྐྱོད་བྱས་པ་དང་མེ་རི་འབར་བ་སོགས་ཀྱི་རྐྱེན་གྱིས་དྲོད་ཁང་རླངས་གཟུགས་མགྱོགས་མྱུར་སྔོམས་བཏོན་བྱས་པ་མ་ཟད་གཅིག་བསྡུས་སུ་ཆགས། མཇུག་མཐར། དྲོད་ཁང་ནུས་སྣང་གི་བྱེད་ལས་དྲག་པོའི་འོག་ཏུ་སའི་གོ་ལའི་སྐམ་མཚོའི་སྐྱེ་ཁམས་མ་ལག་ནི་དུས་ཡུན་ཐུང་ངུའི་ནང་མཉམ་དུ་ཕྱོགས་ཡོངས་ནས་ཐོར་ཞིག་ཏུ་སོང་བས། སྐྱེ་དངོས་རྣམས་གསོན་པོར་བསྲེགས་སོ། །

19 深部探测

གཏིང་ཟབ་འཚོལ་ཞིབ།

在“2011年中国十大科技进展”的最终榜单中，有一项可能会让普通人看起来非常平凡的成果，名叫“深部探测专项开启地学新时代”。确实，它既不像航天计划那样“可上九天揽月”，又不像探海计划那样“可下五洋捉鳖”，但它其实是一项比“上天”和“下海”还庞大的“入地”计划。即，要重点对中国境内地球深部的电磁情况和物理化学等情况进行全面普查。

为什么要“入地”呢？原来，“入地”是人类探索自然、认识自然和利用自然的又一壮举，关乎人类生存、地球管理与可持续发展。如今，越来越多的证据已表明，地球表层的许多现象，其原因都在地球深部。若缺少对地球深部的了解，就无法真正理解地球系统。越是大范围、长尺度的地表现象，就越是如此。地球深部物质与能量交换的动力学过程，不但控制了化石能源等自然资源的分布，还是理解地表成山、成盆、成岩、成矿、成藏和成灾等过程的核心，更是引起地表的地貌、剥蚀和沉积的关键，引起地震和滑坡等自然灾害的内因。

“2011ལོའི་ཀྲུང་གོའི་ཚན་རྩལ་གོང་འཕེལ་ཆེན་པོ་བཅུ”ཡི་མཇུག་མཐའི་མིང་ཐོའི་ནང་དུ། མི་སྤྱིར་བཏང་བའི་ངོས་ནས་བལྟས་ན་ཆེས་སྤྱིར་བཏང་གི་གྲུབ་འབྲས་ཤིག་ཡིན་སྲིད་མོད། དེར“གཏིང་ཟབ་འཚོལ་ཞིབ་ཆེད་དོན་གྱི་དུས་རབས་གསར་བའི་མགོ་ཚུགས”ཞེས་འབོད། ངོ་དངོས་སུ་དེ་ནི་མཁའ་སྐྱོད་འཆར་གཞི་བཞིན་དུ“ཡར་གནམ་གྱི་ཟླ་བ་འཛིན་པ”ལྟ་བུ་མིན་ལ། མཚོ་ཞིབ་འཆར་གཞི་བཞིན་དུ“མར་རྒྱ་མཚོའི་ཆུ་སྲིན་འཛིན་པ”ལྟ་བུའང་མིན་མོད། འོན་ཀྱང་དེ་ནི“མཁའ་སྐྱོད”དང“མཚོ་འཛུལ”ལས་ཀྱང་རྒྱ་ཆེ་བའི“ས་གཏིང་སྨུལ་ཞིབ”ཀྱི་འཆར་གཞི་ཞིག་སྟེ། དེའི་གཙོ་གནད་ནི་ཀྲུང་གོའི་མངའ་ཁོངས་ནས་སའི་གོ་ལའི་གཏིང་རིམ་གྱི་གློག་རྡུལ་དང་དངོས་ལུགས་རྫས་འགྱུར་སོགས་ཀྱི་གནས་ཚུལ་ལ་ཕྱོགས་ཡོངས་ནས་ཞིབ་བཤེར་བྱ་རྒྱུ་དེ་ཡིན།

“ས་གཏིང་སྨུལ་ཞིབ”བྱ་དགོས་དོན་ཅི་ཡིན་ཞེ་ན། མ་གཞིར“ས་གཏིང་སྨུལ་ཞིབ”ནི་མིའི་རིགས་ཀྱིས་རང་བྱུང་ཁམས་ལ་འཚོལ་ཞིབ་དང་ངོས་འཛིན། བེད་སྤྱོད་གཏོང་བའི་རླབས་ཆེན་གྱི་མཛད་པ་ཞིག་སྟེ། དེར་མིའི་རིགས་འཚོ་གནས་དང་སའི་གོ་ལའི་དོ་དམ། རྒྱུན་མཐུད་འཕེལ་རྒྱས་བཅས་དང་འབྲེལ་བ་དམ་པོ་ཡོད། ད་ལྟ་བདེན་དཔང་ཁུངས་ལས་མང་པོས་ར་སྤྲོད་བྱས་པ་ལྟར་ན། སའི་གོ་ལའི་ཕྱི་ངོས་ཀྱི་སྣང་ཚུལ་ཅི་སྙེད་ཅིག་གི་རྒྱུ་རྐྱེན་ནི་སའི་གོ་ལའི་གཏིང་ཟབ་སར་ཡོད་པ་མཚོན་ནོ། །གལ་ཏེ་སའི་གོ་ལའི་གཏིང་རིམ་ལ་རྒྱུས་མངའ་མེད་ན། སའི་གོ་ལའི་མ་ལག་ལ་གོ་བ་ཟབ་མོ་ཞིག་ལོན་མི་ཐུབ་སྟེ། གཞི་ཁྱོན་ཆེན་པོ་དང་ཚད་ཐིག་རིང་བའི་ས་ངོས་ཀྱི་སྣང་ཚུལ་དག་ཀྱང་དེ་བཞིན་ཡིན། སའི་གོ་ལའི་གཏིང་རིམ་གྱི་དངོས་པོ་དང་ནུས་ཚད་བརྗེ་རེས་ཀྱི་སྒུལ་ཤུགས་རིག་པའི་བརྒྱུད་རིམ་གྱིས་འགྱུར་རྫོའི་ནུས་ཁུངས་སོགས་རང་བྱུང་ཐོན་ཁུངས་ཀྱི་ཁྱབ་ཚུལ་ཚོད་འཛིན་བྱས་པར་མ་ཟད། ད་དུང་ས་ངོས་སུ་ཆགས་པའི་རི་བོ་དང་གཞོང་པ། བྲག་རྫོ། གཏེར་གྲུབ། གཏེར་ཁུང་། གནོད་འཚེ་སོགས་བརྒྱུད་རིམ་གྱི་གོ་བ་ལེན་པའི་དཀྱིལ་སྙིང་ཡིན། དེ་བས་ཀྱང་ས་ངོས་ཀྱི་ཆགས་ཚུལ་དང་བསྙད་ཟད། སྙིགས་བསགས་སྐྱོང་བའི་གནད་འགག་ཡིན་ལ། ས་འགུལ་དང་རི་ཉིལ་བ་སོགས་ཀྱི་རང་བྱུང་གནོད་འཚེ་འབྱུང་བའི་ནང་རྐྱེན་ཡང་ཡིན།

20 冰期—间冰期的印度季风

འཁྱགས་རོམ་དུས་རིམ་ནས་བར་གྱི་འཁྱགས་རོམ་དུས་རིམ་གྱི་ཧིན་རྡུའི་དུས་རླུང་།

据2011年8月5日的《科学》杂志报道，中国科学家在地球环境研究方面取得了一项原创性重大成果，即阐明了冰期到间冰期的印度季风变迁情况，揭示了距今260万年以来印度季风的动力学机制。该成果对相关传统观点提出了挑战，既回答了长期以来尚未解决的重要科学难题，也有助于理解全球变暖情景下印度季风变化情况，以及对我国西南地区气候的影响。

地表风化是维持地球宜居性的重要因子，是地球科学的基础理论前沿。但是，关于地表风化与高原隆升和气候变化之间到底存在什么内在联系的问题，过去却存在较多争论，特别是在季风盛行的青藏高原周边，这种内在联系更是一个谜。以前之所以会这样，主要是因为缺乏高分辨率和可靠的单一盆地侵蚀和风化记录。而本项研究刚好填补了这个空白。即利用从青藏高原东南缘鹤庆盆地获取的666米湖泊沉积岩心，利用古地磁和碳-14等手段，高分辨率地测试了岩心中的植物花粉等参数，重建了过去260万年印度季风的变迁史。

2011ལོའི་ཟླ8པའི་ཚེས5ཉིན་གྱི《ཚན་རིག》དུས་དེབ་སྟེང་དུ་སྤེལ་བའི་གནས་ཚུལ་ལྟར་ན། གྲུང་གོའི་ཚན་རིག་པས་སའི་གོ་ལའི་ཁོར་ཡུག་ཞིབ་འཇུག་ཐད་ནས་གདོང་རྩོམ་རང་བཞིན་གྱི་གྲུབ་འབྲས་གལ་ཆེན་ཞིག་བླངས་ཡོད། དེས་འབྲུགས་རོམ་དུས་རིམ་ནས་བར་གྱི་འབྲུགས་རིམ་དུས་རིམ་གྱི་ཉིན་ཧྲུའི་དུས་རླུང་ལ་འཕོ་འགྱུར་བྱུང་བའི་གནས་ཚུལ་གསལ་བཤད་བྱས་ཤིང་། ད་ལྟའི་བར་གྱི་ལོ་ཟེ་ཁྲི260རིང་གི་ཉིན་ཧྲུའི་དུས་རླུང་གི་སྒྱུལ་ཤུགས་རིག་པའི་ནང་རྐྱེན་གསལ་སྟོན་བྱས་ཡོད། གྲུབ་འབྲས་འདིས་འབྲེལ་ཡོད་སྲོལ་རྒྱུན་གྱི་ལྟ་བར་འགྲན་སློང་བྱས་ཡོད་དེ། དུས་ཡུན་རིང་པོའི་ནང་དུ་ད་དུང་ཐག་གཅོད་བྱས་མེད་པའི་ཚན་རིག་གི་དཀའ་གནད་གལ་ཆེན་ལ་ལན་བཏབ་ཡོད་ལ། གོ་ལ་རྩིལ་པོ་ཧྲི་དྲོར་སོང་བའི་གནས་ཚུལ་འོག་གི་ཉིན་ཧྲུའི་དུས་རླུང་གི་འགྱུར་ལྡོག་གནས་ཚུལ་དང་། དེ་བཞིན་རང་རྒྱལ་གྱི་ལྷོ་ནུབ་ས་ཁུལ་གྱི་གནམ་གཤིས་ལ་ཤུགས་རྐྱེན་ཐེབས་ཚུལ་ཤེས་རྟོགས་བྱུང་བར་ཕན་ཐོགས་ཡོད།

ས་ངོས་རླུང་འགྱུར་ནི་སའི་གོ་ལར་འཚོ་སྡོད་འཚམ་པའི་རང་བཞིན་རྒྱུན་འཁྱོངས་བྱེད་པའི་ཆ་རྐྱེན་གལ་ཆེན་ཞིག་དང་། སའི་གོ་ལའི་ཚན་རིག་གི་རྨང་གཞིའི་གཞུང་ལུགས་ཀྱི་མདུན་གྲལ་ཡིན། དེ་ཡང་ས་ངོས་རླུང་འགྱུར་དང་མཐོ་སྒང་ཡར་འཕགས། གནམ་གཤིས་འགྱུར་ལྡོག་བར་གྱི་ཡང་སྙིང་ནང་ངོས་འབྲེལ་བ་གང་འདྲ་ཞིག་ཡོད་པའི་གནད་དོན་ཐད་ནས་སྟོན་ཆད་རྩོད་གླེང་མང་པོ་བྱུང་ཡོད། ལྷག་པར་དུ་དུས་རླུང་དར་ཁྱབ་ཆེ་བའི་མཚོ་བོད་མཐོ་སྒང་གི་མཐའ་འཁོར་དུ་ནང་ངོས་འབྲེལ་བ་འདི་རིགས་ནི་དེ་བས་ཀྱང་གསང་བ་ཞིག་ཡིན། སྟོན་ཆད་དེ་འདྲ་ཡིན་པའི་རྒྱུ་མཚན་གཙོ་བོ་ནི་འཇིབ་ཚད་མཐོ་བ་དང་བློས་འགེལ་ཆོག་པའི་གཞོང་སའི་བསྙད་ཟྭད་དང་རླུང་འགྱུར་གྱི་ཟིན་ཐོ་མེད་པའི་རྐྱེན་གྱིས་ཡིན། ཐེངས་འདིའི་ཞིབ་འཇུག་གིས་ཏག་ཏག་སྟོང་ཆ་འདི་ཁ་སྐོང་བྱས་ཡོད་པར་མ་ཟད། མཚོ་བོད་མཐོ་སྒང་གི་ཤར་ལྷོའི་རྒྱུད་ཀྱི་ཡོན་ཧྲོ་ཆིང་གཤོངས་ས་ནས་ཐོབ་པའི་སྨི666ཟིན་པའི་མཚོ་འུའི་སྙིགས་བསགས་བྲག་རྫ་དང་། ཀོ་ཏེ་ཁབ་ལེན་དང་སྣན-14སོགས་ཀྱི་བྱེད་ཐབས་སྦྱུད་དེ། འཇིབ་ཚད་མཐོ་བའི་སྒོ་ནས་བྲག་རྫོའི་ཁྲོད་ཀྱི་སྐྱེ་ཤིང་མེ་ཏོག་གི་ཟེའུ་རྡུལ་སོགས་ཞུགས་གྲངས་ལ་ཚོད་ལྟ་བྱས་ནས་འདས་ཟིན་པའི་ལོ་ཟེ་ཁྲི260ཡི་ཉིན་ཧྲུའི་དུས་རླུང་གི་འཕོ་འགྱུར་ལོ་རྒྱུས་བསྐྱར་དུ་བསྐྲུན་ཡོད།

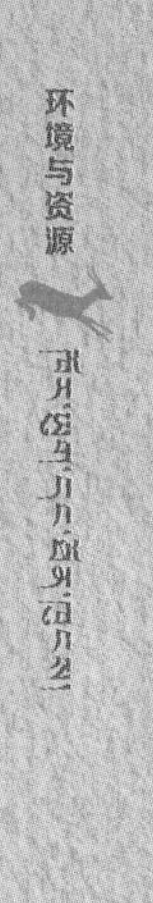

21 青藏高原东部的两条地壳物质流

མཚོ་བོད་མཐོ་སྒང་ཤར་རྒྱུད་ཀྱི་ས་ཤུན་གཉིས་ཀྱི་དངོས་རྒྱུན།

据2010年4月11日的《自然》杂志报道，中国科学家利用大地电磁测量技术，首次发现：在青藏高原东部，有两条地壳物质流。

这是啥意思呢？原来，在印度板块和欧亚板块碰撞以来的5千万年间，青藏高原的南北向缩短了约750公里，垂直方向平均隆升了约4500米，高原隆升所消耗的物质量不足高原缩短所产生物质量的一半，那么其余的物质都到哪儿去了呢，又是以什么方式消失的呢？本项研究就是想为这些剩余物质寻找一种或几种合理的解释。

其实，国际上已为此提出了多种假设，比如，块体挤出、重力均衡扩散、连续流变等。虽然多数假设都认为物质的东移是高原能保持基本均衡的主要原因，但在物质移动的方式上却有不同看法。换句话说，青藏高原隆升机制研究中存在争议的一个焦点问题，就是岩石圈的变形方式。为了寻找有力的观测证据，本课题组在东喜马拉雅的相关地区实施了连续6年的大地电磁观测，发现了青藏高原中下地壳的两条大型低阻异常带。

2010ལོའི་ཟླ4པའི་ཚེས11ཉིན་གྱི《རང་བྱུང》དུས་དེབ་སྟེང་དུ་སྤེལ་བའི་གནས་ཚུལ་ལྟར་ན། གྲུང་གོའི་ཚན་རིག་པས་ས་གཞིའི་གློག་རྡུལ་ཚད་འཇལ་ལག་ཆས་སྤྱད་དེ། མཚོ་བོད་མཐོ་སྒང་ཤར་རྒྱུད་ཀྱི་ས་ཤུན་དངོས་རྒྱུན་གཉིས་ཡོད་པ་ཐོག་མར་ཤེས་རྟོགས་བྱུང་།

དེའི་དོན་ཅི་ཞིག་ཡིན་ནམ་ཞེ་ན། ས་གཞིར་ཉིན་རྟའི་གླིང་དུམ་དང་ཡ་ཡོབ་གླིང་དུམ་གཉིས་གདོང་ཐུག་བརྒྱབ་ཚུན་གྱི་ལོ་ངོ་བྱེ་བ5རིང་ལ། མཚོ་བོད་མཐོ་སྒང་གི་ལྷོ་བྱང་ཕྱོགས་སུ་སྤྱི་ལེ750འཁྱུམས་འགྱུར་བྱུས་པ་དང་། དྲང་འཕྱང་ཕྱོགས་སུ་ཆ་སྙོམས་སྤྱི4500ཙམ་ཡར་འཕགས། མཐོ་སྒང་ཡར་འཕགས་པར་ཟད་གྲོན་བྱས་པའི་དངོས་གྲངས་ཀྱིས་མཐོ་སྒང་འཁྱུམས་འགྱུར་ལས་བྱུང་བའི་དངོས་གྲངས་ཀྱི་ཕྱེད་ཀ་ལའང་མི་ཟིན་པ་ཡིན། འོ་ན་ལྷག་མའི་དངོས་རྫས་རྣམས་གང་དུ་ཤོར་བའམ་ཇི་ལྟར་མེད་པར་གྱུར་སོང་བ་ཡིན་ནམ་ཞེ་ན། ཐེངས་འདིའི་ཞིབ་འཇུག་ནི་ལྷག་མའི་དངོས་རྫས་འདི་དག་འཚོལ་ཞིབ་དང་། འདི་ལ་ལུགས་མཐུན་གྱི་འགྲེལ་བཤད་གཅིག་གམ་ཁ་ཤས་རྒྱག་བསམ་པ་ཡིན།

དེ་ཡང་རྒྱལ་སྤྱིའི་སྟེང་དུ་འདིའི་ཕྱོགས་ལ་ཚོད་དཔག་སྣ་ཚོགས་བཏོན་ཡོད་དེ། དཔེར་ན། རྡོག་གཟུགས་བཙིར་འདོན་དང་ལྡིད་ཤུགས་དོ་མཉམ་ཁྲབ་འགྲེད། རྒྱུན་མཐུད་རྒྱུག་འགྱུར་སོགས་ལྟ་བུ་ཡིན། ཚོད་དཔག་མང་པོ་ཞིག་གིས་དངོས་པོ་ཤར་དུ་སྒོ་འགྲུལ་བྱེད་པ་ནི་མཐོ་སྒང་གིས་གཞི་རྩའི་སྙོམས་འཇགས་རྒྱུན་སྲིང་བྱེད་ཐུབ་པའི་རྒྱུ་རྐྱེན་གཙོ་བོར་ངོས་འཛིན་བྱེད་བཞིན་ཡོད་མོད། འོན་ཀྱང་དངོས་པོ་སྒོ་འགྲུལ་བྱེད་སྟངས་ཕྱོགས་ནས་ལྟ་ཚུལ་མི་འདྲ་བ་རེ་ཡོད། ཡང་ཅིག་བཤད་ན། མཚོ་བོད་མཐོ་སྒང་ཡར་འཕགས་ཀྱི་གྲུབ་ཚུལ་ཞིབ་འཇུག་ཁྲོད་ཀྱི་རྩོད་གཞིར་གྱུར་པའི་གཙོ་གནད་ནི་བྲག་རྡོ་ས་ཁྱུད་ཀྱི་དབྱིབས་འགྱུར་བྱེད་སྟངས་དེ་ཡིན། ལྟ་འཇལ་བདེན་དཔང་ནུས་ལྡན་ཞིག་འཚོལ་ཆེད། ལས་གཞི་འདིའི་ཚོ་ཆུང་གིས་ཧི་མ་ལ་ཡའི་ཤར་རྒྱུད་ཀྱི་འབྲེལ་ཡོད་ས་ཁུལ་དུ་བསྟུད་མར་ལོ་ངོ6ལ་ས་གཞི་ཆེན་མོའི་གློག་རྡུལ་ལ་ལྟ་འཇལ་བྱས་ཏེ། མཚོ་བོད་མཐོ་སྒང་གི་བར་འོག་ས་ཤུན་གྱི་འགོག་རྐྱེན་དམའ་བའི་རྒྱུན་འགལ་རྒྱུད་ཐག་ཆེ་གྲས་གཉིས་ཤེས་རྟོགས་བྱུང་ཡོད།

22 昆仑站
ཁྲུ་ཧུ་ས་ཚིགས།

2009年1月27日，我国第一个南极内陆科考站——昆仑站在南极内陆冰盖最高点（冰穹A）的西南方向约7.3公里处建成。这也是继长城站和中山站以来，我国在南极地区建立的第三个考察站，计划总建筑面积559平方米，高程4087米。从此，我国将有计划地在这里开展冰川学、天文学、地质学、大气科学、地球物理学和空间物理学等领域的科研工作，实施冰川深冰芯钻探、冰下山脉钻探、天文和地磁观测、卫星遥感数据接收、人体医学和医疗保障等科学考察和研究。

冰穹A有世界上最古老的冰层，有全球极端最低气温，在那里建立科考站，对于全球气象研究、天文学和地质学等都有重要意义。比如，在这里观测天文时，其效果相当于太空站，将有助于研究暗物质和暗能量等。目前，各国在南极建立的53个科考站大都分布在南极边缘地区，只有美国等6个国家在南极内陆地区建立了科考站，中国的昆仑站登陆南极冰盖最高点，自然是人类南极科考史上的又一个里程碑。

2009ལོའི་ཟླ1པའི་ཚེས27ཉིན། རང་རྒྱལ་གྱི་ལྷོ་སྣེའི་སྐམ་སའི་དབུས་ཁུལ་གྱི་ཚན་རིག་རྟོག་ཞིབ་ས་ཚིགས་དང་པོ་སྟེ། ཁྲུ་ཧུ་ས་ཚིགས་ནི་ལྷོ་སྣེའི་སྐམ་སའི་དབུས་ཁུལ་དུ་འཁྱགས་ཁེབས་མཐོ་ཤོས(འཁྱགས་ཆུངA)ཀྱི་ལྷོ་ནུབ་ཕྱོགས་ཀྱི་སྤྱི་ལེ7.3ཙམ་གྱི་སར་བཙུགས་ཡོད། དེ་ནི་ལྕགས་རི་རིང་པོའི་ས་ཚིགས་དང་

ཀྲུང་ཧྲན་ས་ཚོགས་རྒྱུན་མཐུད་དེ་རང་རྒྱལ་གྱིས་ལྷོ་སྟེའི་ས་ཁུལ་དུ་བཙུགས་པའི་རྟོག་ཞིབ་ས་ཚོགས་གསུམ་པ་ཡིན། འཆར་གཞི་ལྟར་ན་སྤྱིའི་འཛུགས་སྐྲུན་གྱི་རྒྱ་ཁྱོན་ལ་སྤྱི་གྲུ་བཞི་མ559དང་མཐོ་ཚད་ལ་སྤྱི4087ཡོད། དེ་ནས་བཟུང་། རང་རྒྱལ་གྱིས་འཆར་གཞི་ཡོད་པའི་སྒོ་ནས་འདི་གར་འབྲུགས་རོམ་རིག་པ་དང་གནམ་དཔྱད་རིག་པ། ས་གཤིས་རིག་པ། རླུང་ཁམས་ཆེན་པོའི་ཚན་རིག སའི་གོ་ལའི་དངོས་ལུགས་རིག་པ། བར་སྣང་དངོས་ལུགས་རིག་པ་སོགས་ཀྱི་ཁྱབ་ཁོངས་ནས་ཚན་རིག་ཞིབ་འཇུག་གི་ལས་དོན་སྤེལ་ཏེ། འབྲུགས་རོམ་གྱི་འབྲུགས་སྙིང་གསོར་འབིགས་རྩད་ཞིབ་དང་། འབྲུགས་འོག་རི་རྒྱུད་གསོར་འབིག་རྩད་ཞིབ། གནམ་དཔྱད་དང་ས་འོག་ཁབ་ལེན་ལྟ་འཇལ། སྤུང་སྐར་རྒྱང་ཚོར་གྲངས་གཞི་སྡུད་ལེན། མི་ལུས་གསོ་རིག་དང་སྨན་བཅོས་ཁག་ཐེག་སོགས་ཀྱི་ཚན་རིག་ལྟ་ཞིབ་དང་ཞིབ་འཇུག་ལག་བསྟར་བྱས།

འབྲུགས་ཆུངA་ལ་འཛམ་གླིང་སྙིང་གི་ཆེས་སྲ་བའི་འབྲུགས་རིམ་ཡོད་པ་དང་། གོ་ལ་ཧྲིལ་པོའི་ཆེས་དམའ་བའི་དྲོད་ཚད་ཡོད། དེ་གར་ཚན་རིག་རྟོག་ཞིབ་ས་ཚོགས་བཙུགས་པས། གོ་ལ་ཧྲིལ་པོའི་གནམ་གཤིས་ཞིབ་འཇུག་དང་གནམ་དཔྱད་རིག་པ། ས་གཤིས་རིག་པ་སོགས་ལ་དོན་སྙིང་གལ་ཆེན་ལྡན་ཏེ། དཔེར་ན། འདི་ནས་གནམ་དཔྱད་ལྟ་འཇལ་བྱེད་སྐབས་དེའི་ཕན་འབྲས་ནི་བར་སྣང་ས་ཚོགས་དང་འདྲ་བས། ཀློག་དངོས་དང་ཀློག་ནུས་ཞིབ་འཇུག་བྱེད་པ་སོགས་ལ་ཕན། མིག་སྔར་རྒྱལ་ཁབ་སོ་སོས་ལྷོ་སྟེར་བཙུགས་པའི་ཚན་རིག་རྟོག་ཞིབ་ས་ཚོགས53ལས་མང་ཆེ་བར་ལྷོ་སྟེའི་མཐའ་མཚམས་ས་ཁུལ་དུ་ཁྱབ་ཡོད་ཅིང་། ཨ་རི་སོགས་རྒྱལ་ཁབ6གིས་ད་གཟོད་ལྷོ་སྟེའི་སྐམ་སའི་དབུས་ཁུལ་དུ་ཚན་རིག་རྟོག་ཞིབ་ས་ཚོགས་བཙུགས་ཡོད། ཀྲུང་གོའི་ཁྲུ་ནུ་ས་ཚོགས་ལྷོ་སྟེའི་འབྲུགས་ཁེབས་མཐོ་ཤོས་སུ་སླེབས་ཡོད་པས། མིའི་རིགས་ཀྱི་ལྷོ་སྟེའི་ཚན་རིག་རྟོག་ཞིབ་ལོ་རྒྱུས་སྟེང་གི་མཚོན་རྟགས་རྗེ་རིང་ཞིག་བསླངས་པ་ཡིན་ནོ། །

23 最早的带羽毛恐龙
ཆེས་སྔ་བའི་སྒྲོ་ལྡན་སྲིན་འབྲུག

据2009年10月1日的《自然》杂志报道，中国科学家首次发现了距今约1.6亿年的带羽毛恐龙，赫氏近鸟龙化石，它也是迄今发现的最早的带羽毛恐龙化石，较之前发现的带羽毛恐龙“中华龙鸟”的时代要早约2000万年至3000万年，代表了鸟类起源研究的一个重大突破。

原来，在鸟类起源研究中，过去因缺乏化石，使得涉及最早鸟类何时出现等关键问题的研究一直较为薄弱。如今，这个薄弱环节有望被加强，因为，这次中国科学家发现了一个不完整的头后骨骼标本，并鉴定为与鸟类亲缘关系最近的一种小型兽脚类恐龙。从该化石上看，它几乎完整保存了骨架周围广泛而清晰的羽毛印痕，特别是在趾爪以外的趾骨上都长有羽毛，这种完全被羽毛覆盖的特征在灭绝物种中尚无先例。

此次发现进一步支持了这样一种假说，即兽脚类恐龙的主要类群，其实在晚侏罗纪最早期之前就可能出现，并迅速分化，包括鸟类在内的许多重要类群就是在这次快速演化事件中出现的。

2009ལོའི་ཟླ10པའི་ཚེས1ཉིན་གྱི《རང་བྱུང》དུས་དེབ་སྟེང་དུ་སྤེལ་བའི་གནས་ཚུལ་ལྟར་ན། ཀྲུང་གོའི་ཚན་རིག་པས་ད་ལམ་ལོ་ངོ་དུང་ཕྱུར1.6སྔོན་གྱི་སྒྲོ་ལྡན་སྲིན་འབྲུག་སྟེ། ཧོ་ཧྲི་ཅིན་ཧྥེ་སྒྲོ་ལྡན་སྲིན་འབྲུག་གི་འགྱུར་རྡོ་ཐོག་མར་ཤེས་རྟོགས་བྱུང་ཡོད། དེ་ནི་ད་ལྟའི་བར་དུ་ཤེས་རྟོགས་བྱུང་བའི་སྒྲོ་ལྡན་སྲིན་འབྲུག་གི་འགྱུར་རྡོ་སྔ་ཤོས་ཡིན་པ་དང་། དེ་ཉིད་སྔོན་ཆད་ཤེས་རྟོགས་བྱུང་བའི་སྒྲོ་ལྡན་སྲིན་འབྲུག"ཀྲུང་ཧྭའི་སྒྲོ་ལྡན་སྲིན་འབྲུག"གི་དུས་རབས་དང་བསྡུར་ན། ལོ་ངོ་ཁྲི2000ནས་ཁྲི3000ཡིས་སྔ་བ་དང་། བྱ་རིགས་འབྱུང་ཁུངས་ཞིབ་འཇུག་གི་གལ་ཆེ་བའི་ཐོད་རྒྱལ་མངོན་པར་མཚོན་ཡོད།

མ་གཞིར་བྱ་རིགས་འབྱུང་ཁུངས་ཀྱི་ཞིབ་འཇུག་ཁྲོད་དུ། སྔོན་ཆད་འགྱུར་རྡོ་དཀོན་པའི་དབང་གིས་བྱ་རིགས་ནམ་ཚོད་བྱུང་བ་སོགས་ཀྱི་འགག་རྩའི་གནད་དོན་ལ་ཞིབ་འཇུག་ཐབ་པ་དང་། ད་ལྟ་ཐབ་ཆ་འདིར་ཤུགས་སྐྱོན་རྒྱག་པའི་རེ་བ་ཡོད་དེ། གང་ལགས་ཤེ་ན། ཐེངས་འདིར་ཀྲུང་གོའི་ཚན་རིག་པས་ལྷག་མཐོའི་ནུས་པའི་དམར་དཔེ་ཆ་ཚང་མིན་པ་ཞིག་རྙེད་པར་མ་ཟད། བྱ་རིགས་དང་རིགས་འབྲེལ་ཤིན་ཏུ་ཉེ་བའི་གཅན་གཟན་རྐང་ལྡན་སྲིན་འབྲུག་ཆུང་གྲས་ཤིག་ཡིན་པ་གསལ་འབྱེད་བྱས་ཡོད། འགྱུར་རྡོ་འདིའི་སྟེང་ནས་བལྟས་ན། ནུས་སྒྲོམ་ཉེ་འཁོར་དུ་གསལ་པོར་མངོན་པའི་སྒྲོ་ཤུལ་གྱིས་ཁྱབ་ཅིང་ཕལ་ཆེར་ཆ་ཚང་ཡིན་པ་ཞིག་ཉར་ཚགས་བྱས་ཡོད་པ་དང་། ལྷག་པར་དུ་ཕྱིར་མའི་ཕན་ཆད་ཀྱི་རྐང་སོར་ནུས་པའི་སྟེང་དུ་སྒྲོ་སྤུ་སྐྱེས་ཡོད་ལ། སྒྲོ་སྤུས་ཡོངས་སུ་ཁྱབ་པའི་ཁྱད་ཆོས་འདི་རྩ་མེད་དུ་སོང་བའི་དངོས་རིགས་ཀྱི་ཁྲོད་ནས་ཤིན་ཏུ་དཀོན་པའི་སྔོན་དཔེ་ཞིག་ཡིན།

ཐེངས་འདིའི་ཤེས་རྟོགས་ཀྱིས་ཚོད་བགམ་འདི་ལྟ་བུ་ཞིག་ལ་རྒྱབ་སྐྱོར་བྱས་ཡོད་དེ། ཕྱིར་ཐོགས་སྲིན་འབྲུག་གི་ལྦུ་ཚོགས་གཙོ་བོ་ནི། དོན་དངོས་སུ་ཀྲུའུ་ཞུང་དུས་རབས་ཀྱི་ཆེས་ཐོག་མའི་སྔོན་དུ་བྱུང་སྲིད་པ་དང་མགྱོགས་མྱུར་སྣོས་དབྱེ་འགྱུར་བྱས། བྱ་རིགས་ཚུད་པའི་ལྦུ་ཚོགས་གལ་ཆེན་མང་པོ་ཞིག་ནི་ཐེངས་འདིའི་མགྱོགས་མྱུར་རིམ་འགྱུར་དོན་རྐྱེན་ཁྲོད་དུ་བྱུང་བ་ཡིན་ནོ། །

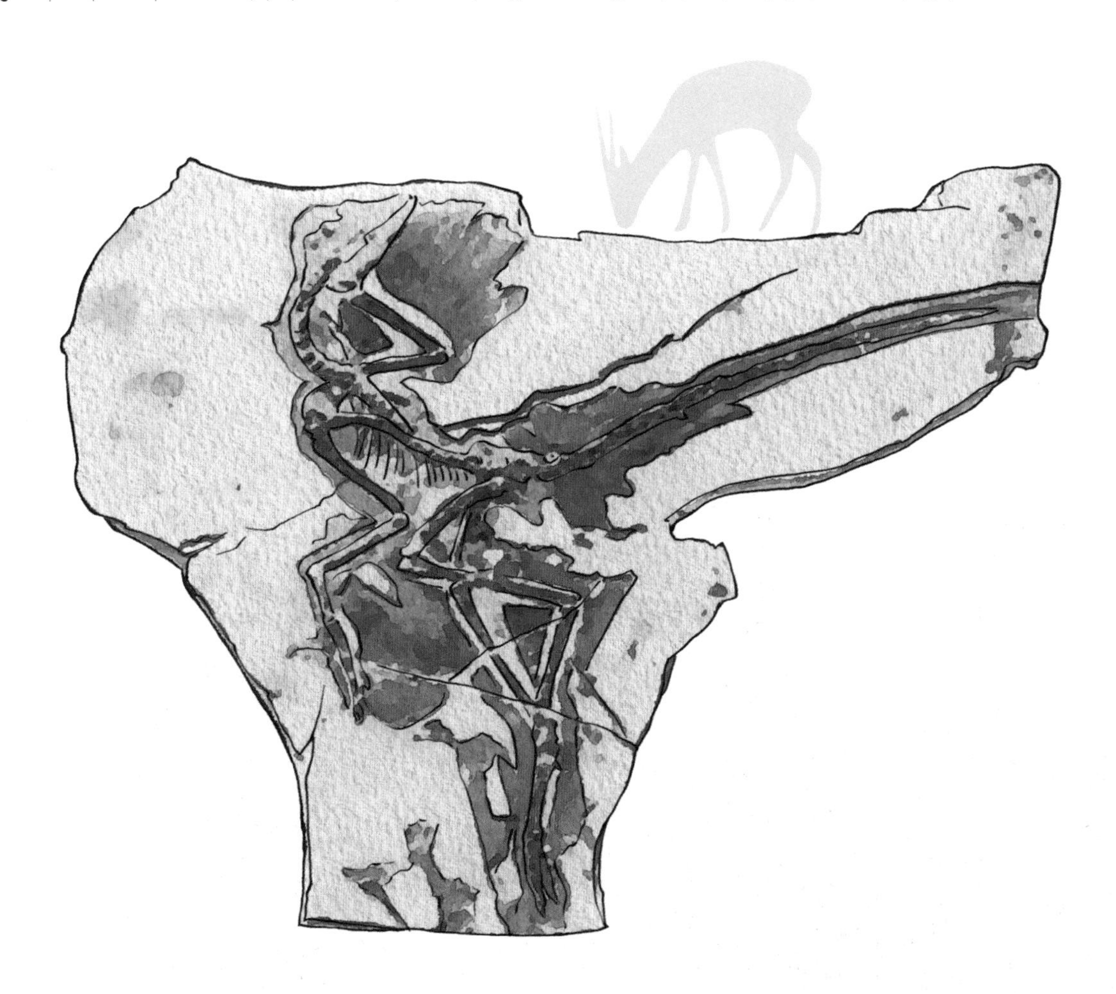

24 中国的碳平衡状况

ཀྲུང་གོའི་ཐན་དོ་སྙོམས་གནས་ཚུལ།

据2009年4月23日的《自然》杂志报道，中国学者发现，在20世纪80年代和90年代，中国陆地生态系统所吸收的碳（称为“碳汇量”）显著高于欧洲，即中国对温室气体减排的贡献大于欧洲。该成果既填补了碳平衡数据地理分布中的一大空白，又可帮助进一步减小北半球碳平衡中的不确定性。毕竟，碳循环是地球上最大的物质和能量循环，二氧化碳在大气、海洋以及陆地三个巨系统之间进行着交换。其中，陆地是二氧化碳的收支平衡系统。

本项研究的科学性，主要体现在所选择的三个客观指标上。即，大气逆温、公认的生态系统模型、从卫星绿度测量结果外推的生物和土壤碳存量。更具说服力的是，该成果分别根据这三个指标所得的估计结果都很相似，其净碳汇量值都在每年0.19皮克至0.26皮克之间。更具体地说，中国东北确实是二氧化碳的净排放源，其原因显然是曾经的过度采伐。相比之下，中国南方却占碳汇量的65%以上，其原因包括区域气候变化、植树活动和灌木恢复等。

2009ལོའི་ཟླ4པའི་ཚེས23ཉིན་གྱི《རང་བྱུང》དུས་དེབ་སྟེང་དུ་སྤེལ་བའི་གནས་ཚུལ་ལྟར་ན། ཀྲུང་གོའི་ཤེས་ལྡན་པས་དུས་རབས20པའི་ལོ་རབས80པ་དང་ལོ་རབས90པར་ཀྲུང་གོའི་སྐམ་སའི་སྐྱེ་ཁམས་མ་ལག་གིས་སྡུད་ལེན་བྱས་པའི་ སྣུན(“སྣུན་འདུས་ཚད”ཅེས་བརྗོད)ནི་ཡོ་རོབ་གླིང་ལས་མངོན་གསལ་གྱིས་མཐོ་བ་ཤེས་རྟོགས་བྱུང་བས། ཀྲུང་གོས་དྲོད་ཁང་རླངས་གཟུགས་བཙོག་འབུད་ཉུང་གཏོང་གི་བྱས་རྗེས་ནི་ཡོ་རོབ་གླིང་ལས་ཆེ་བ་ཡིན། གྲུབ་འབྲས་འདིས་སྣུན་དོ་སྙོམས་གྲངས་གཞིའི་ས་ཁམས་ཁྲབ་ཚུལ་ཁྲིད་ཀྱི་སྟོང་ཆ་ཆེན་པོ་ཞིག་སྐོང་གསབ་བྱས་པར་མ་ཟད། སའི་གོ་ལའི་ཕྱིད་བྱུང་མའི་སྣུན་དོ་སྙོམས་ཁྲིད་ཀྱི་གཏན་འཛུགས་མིན་པའི་རང་བཞིན་ སྟར་ལས་ཇི་ཙུང་དུ་གཏོང་བར་ཡང་རོགས་འདེགས་ཐོབ། སྣུན་གྱི་འཁོར་རྒྱུག་ནི་སའི་གོ་ལའི་སྟེང་གི་དངོས་པོ་དང་ནུས་ཚད་ཀྱི་འཁོར་རྒྱུག་ཆེ་ཤོས་ཡིན་ལ། དབྱུང་གཉིས་སྣུན་རྫས་ནི་རླུང་ཁམས་ཆེན་པོ་དང་རྒྱ་མཚོ། སྐམ་སའི་མ་ལག་ཆེན་པོ་བཅས་གསུམ་གྱི་བར་དུ་བརྗེ་རེས་བྱེད་བཞིན་ཡོད། དེའི་ཁྲོད་དུ་སྐམ་ས་ནི་དབྱུང་གཉིས་སྣུན་རྫས་ཀྱི་གཏོང་ལེན་དོ་སྙོམས་མ་ལག་ཡིན།

ཞིབ་འཇུག་འདིའི་ཚན་རིག་རང་བཞིན་ནི་གཙོ་བོར་གདམ་ག་བྱས་པའི་ཕྱི་རོལ་ཡུལ་གྱི་དམིགས་ཚད་གསུམ་གྱི་སྟེང་དུ་མཚོན་ཡོད་དེ། དེ་རྣམས་ནི་རླུང་ཁམས་ཆེན་པོའི་ཕྱོག་དྲོད་དང་ཀུན་གྱིས་ཁས་ལེན་པའི་སྐྱེ་ཁམས་མ་ལག་གི་དཔེ་དབྱིབས། སྲུང་སྐྱར་ལྷུང་ཚད་འཇལ་ལེན་བྱས་འབྲས་ལས་ཕྱིར་སྤེལ་བའི་སྐྱེ་དངོས་དང་ས་རྒྱུའི་སྣུན་གསོག་ཚད་བཅས་ཡིན། གོ་སྙོན་བློ་འགྲུག་གི་ནུས་པ་ལྡན་ཚུལ་ནི། གྲུབ་འབྲས་འདིས་སོ་སོར་གཞི་འཛིན་བྱས་པའི་དམིགས་ཚད་གསུམ་ལ་གཞིགས་ཏེ། ཐོབ་པའི་ཚོད་དཔག་བྱས་འབྲས་ཚང་མ་ཏ་ཅང་འདྲ་མཚུངས་ཡིན་པ་དང་། འདིའི་སྣུན་གཙང་འདུས་ཚད་ཀྱི་གྲངས་ཐང་ནི་ལོ་རེ་བཞིན་དུ་ཕི་ཁེ0.19ནས་ཕི་ཁེ0.26བར་ཡིན། དེ་ལས་ཀྲུང་ཞིབ་ཐྲའི་སྒོ་ནས་བཤད་ན། ཀྲུང་གོའི་བྱང་ཤར་ནི་དངོས་གནས་དབྱུང་གཉིས་སྣུན་རྫས་གཙང་འཕྲིན་གཏོང་ཁུངས་ཡིན་པ་དང་། དེའི་རྒྱུ་མཚན་ནི་སྔོན་ཆད་ཀྱི་ཚད་བརྒལ་རྐོ་གཅོད་ལས་བྱུང་བ་མངོན་གསལ་ཡིན། འདི་དང་བསྡུར་ན་ཀྲུང་གོའི་ལྷོ་ཕྱོགས་ཀྱི་སྣུན་འདུས་ཚད་ནི65%ཡན་ཟིན་པ་དང་། དེའི་རྒྱུ་རྐྱེན་ནང་དུ་ས་ཁོངས་ཀྱི་གནམ་གཤིས་འགྱུར་ལྡོག་དང་སྡོང་འཛུགས་བྱེད་སྒོ། སྡོང་ཐྲན་སྐྱར་གསོ་སོགས་ཚུད་ཡོད།

25 鸟类起源新成果
བྱ་རིགས་འབྱུང་ཁུངས་ཀྱི་གྲུབ་འབྲས་གསར་བ།

据2009年的《自然》杂志报道，中国科学家在羽毛演化方面，又取得了重大突破。过去一直认为，恐龙在大型化演化过程中，羽毛将会退化。本成果则通过研究产自我国辽西早白垩世地层中一种名为“华丽羽王龙”的恐龙，极大地扩展了带羽毛动物的体型范围，揭示了在恐龙大型化过程中，皮肤衍生物的复杂演化过程。比如，巨型动物华丽羽王龙之所以会发育出具有保温功能的原始羽毛，不仅与体型大小相关，可能也与白垩纪早期的气候有关。

至此，我国已在鸟类起源与早期演化、恐龙演化、羽毛起源和飞行起源等方面取得了一系列具有重大影响的创新成果。比如，发现了带羽毛的恐龙，为鸟类的恐龙起源说提供了重要证据；通过对早期鸟类及树栖恐龙生活习性的研究和恢复，提出了鸟类飞行树栖起源说的新证据；依据对带羽毛恐龙和早期鸟类身体上保存的原始羽毛的研究，首次在和鸟类密切相关的驰龙化石中，发现了几种分叉的羽毛，验证了羽毛的最早出现和鸟类的飞行并无直接关系。

2009ལོའི《རང་བྱུང་》དུས་དེབ་སྟེང་དུ་སྤེལ་བའི་གནས་ཚུལ་ལྟར་ན། ཀྲུང་གོའི་ཚན་རིག་པས་བྱ་སྤྲོའི་རིམ་འགྱུར་ཐད་ནས་སླར་ཡང་ཐོད་རྒལ་ཆེན་པོ་བྱུང་ཡོད། སྔོན་ཆད་སྲིན་འབྲུག་ནི་རིམ་འགྱུར་ཆེན་མོའི་གོ་རིམ་ཁྲོད་དུ་བྱ་སྤྲོ་ནི་ཉམས་འགྲོ་བར་འདོད། གྲུབ་འབྲས་འདི་རང་རྒྱལ་གྱི་ལེའོ་ནུབ་ཏུ་པའི་ཡོའུ་དུས་རབས་སྨ་མའི་ས་རིམ་ལས“སྤྲོ་སྤུག་སྲིན་འབྲུག”ཅེས་པའི་སྲིན་འབྲུག་ཅིག་ལ་ཞིབ་འཇུག་བྱས་པ་བརྒྱུད་དེ། སྤྲོ་ལྡན་སྲོག་ཆགས་ཀྱི་གཟུགས་དབྱིབས་ཁྱབ་ཁོངས་ཆེས་ཆེར་རྒྱ་བསྐྱེད་པ་དང་། སྲིན་འབྲུག་ཆེ་འགྱུར་གྱི་བརྒྱུད་རིམ་ཁྲོད་དུ་སྐྱི་པགས་སྐྱེ་མཆེད་ཀྱི་རྟོག་འཛིང་ཆེ་བའི་རིམ་འགྱུར་གོ་རིམ་གསལ་སྟོན་བྱས་ཡོད་དེ། དཔེར་ན། སྟོབས་ལྡན་སྲོག་ཆགས་སྤྲོ་སྤུག་སྲིན་འབྲུག་འཚར་སྐྱེ་ཐུབ་པར་ཪྫོད་སྲུང་ནུས་པ་ལྡན་པའི་གདོད་མའི་སྤྲོ་སྤུ་ལྡན་པ་དང་། གཟུགས་དབྱིབས་ཀྱི་ཆེ་ཆུང་དང་འབྲེལ་བ་ཡོད་པར་མ་ཟད། པའི་ཨའོ་དུས་རབས་སྨ་དུས་ཀྱི་གནམ་གཤིས་ལའང་འབྲེལ་བ་ཡོད།

དེ་མཚུངས་རང་རྒྱལ་གྱིས་བྱ་རིགས་ཀྱི་འབྱུང་ཁུངས་དང་དུས་མགོའི་རིམ་འགྱུར། སྲིན་འབྲུག་གི་རིམ་འགྱུར། བྱ་སྤྲོའི་འབྱུང་ཁུངས། འཕུར་སྐྱོད་འབྱུང་ཁུངས་སོགས་ཀྱི་ཐད་ནས་ཤུགས་རྐྱེན་ཆེན་པོ་ལྡན་པའི་གསར་གཏོད་གྲུབ་འབྲས་རབ་དང་རིམ་པ་ཐོབ་ཡོད་དེ། དཔེར་ན། སྤྲོ་ལྡན་སྲིན་འབྲུག་རྙེད་པ་འདིས་བྱ་རིགས་སྲིན་འབྲུག་གི་འབྱུང་ཁུངས་སྨྲ་བར་བདེན་དཔང་གལ་ཆེན་འདོན་སྤྲོད་བྱས་ཤིང་། དུས་མགོའི་བྱ་རིགས་དང་ནགས་སྤོད་སྲིན་འབྲུག་གི་འཚོ་བའི་གོམས་གཤིས་ལ་ཞིབ་འཇུག་དང་སླར་གསོ་བྱས་པ་བརྒྱུད་དེ། བྱ་རིགས་འཕུར་སྐྱོད་ནགས་སྤོད་སྨྲ་བར་བདེན་དཔང་གསར་པ་བྱས། སྤྲོ་ལྡན་སྲིན་འབྲུག་དང་དུས་མགོའི་བྱ་རིགས་ཀྱི་ལུས་སྟེང་དུ་ཉར་ཚགས་བྱས་པའི་གདོད་མའི་བྱ་སྤྲོའི་ཞིབ་འཇུག་ལ་གཞིགས་ན། ཐོག་མར་བྱ་རིགས་དང་འབྲེལ་བ་དམ་ཟབ་ཡོད་པའི་བརྗམ་འབྲུག་འགྱུར་རྫོའི་ཁྲོད་དུ་ཁ་དབྱག་ཡོད་པའི་བྱ་སྤྲོ་འགའ་ཤས་རྙེད་ལ། བྱ་སྤྲོ་ཐོག་མར་བྱུང་བ་དང་བྱ་རིགས་འཕུར་སྐྱོད་བར་དུ་ཐད་ཀར་འབྲེལ་བ་མེད་པ་ར་སྟོད་བྱས་སོ། །

26 降雨与朝代兴亡

ཆར་ཆུ་དང་རྒྱལ་རབས་ཀྱི་དར་རྒུད།

据2008年11月7日的《科学》杂志报道，中国科学家从溶洞中的石笋上获得了一个神奇发现，季风的减弱竟与王朝的衰亡密切相关。初听起来，这简直是天方夜谭，但该论文的评审者瑞士古生物气象学家却认为，这是他很长时间以来见过的最严谨的论文之一。

原来，一方面，石笋的主要成分为碳酸钙，它们是洞穴外部的降水将石灰岩溶解后，一滴滴向下沉淀而形成的。在石笋里，氧的同位素存在于碳酸钙中。在季风区，降水量越多，氧的同位素就越偏负，这就泄露了当时的大气降水情况。

另一方面，我国的大部分降水与亚洲季风变化密切相关。若季风增强，通过海洋带来的降水就会增多，农作物就会丰收，百姓就安居乐业；若季风减弱，气候就会干旱，农作物就会歉收，就容易发生农民起义。

于是，科研人员精心制作了中国过去1800多年的高精度、高分辨率降雨量变化曲线，之后再将该曲线与历史朝代的更替进行对比。果然发现，降水量大幅度减少的年代，基本与朝代的衰亡年代一致。

2008ལོའི་ཟླ11པའི་ཚེས7ཉིན་གྱི《ཚན་རིག》དུས་དེབ་སྟེང་དུ་སྤེལ་བའི་གནས་ཚུལ་ལྟར་ན། ཀྲུང་གོའི་ཚན་རིག་པས་བྲག་ཁུག་གི་རྡོ་སྨུག་ངོས་སུ་ངོ་མཚར་བའི་གསར་རྙེད་ཅིག་ཐོབ། དེ་ནི་དུས་རླུང་གི་ཉམས་ཞན་དང་རྒྱལ་རབས་ཉམས་རྒུད་དང་འབྲེལ་བ་དམ་པོ་ཡོད་པ་དེ་རེད། ཐོས་མ་ཐག་ཏུ་དེ་ནི་གནའ་མཐའི་མཚན་སྒྲུང་དང་འདྲ་སོད། འོན་ཀྱང་དཔྱད་རྩོམ་འདི་ནི་ཞིབ་དཔྱད་པ་སུའི་ཅེར་གྱི་གནའ་བོའི་སྐྱི་དངོས་གནམ་གཤིས་རིག་པ་བའི་འདོད་ཚུལ་ལྟར་ན། འདི་ནི་ཁོང་གིས་དུས་ཡུན་རིང་པོ་ཞིག་ལ་མཐོང་སྦྱོང་བའི་ཆེས་གཟབ་ནན་གྱི་དཔྱད་རྩོམ་གྱི་གྲས་ཤིག་ཡིན་པར་འདོད།

མ་གཞིར་ཕྱོགས་གཅིག་ནས་རྡོ་སྨུག་གི་གྲུབ་ཆ་གཙོ་བོ་ནི་ཐྭན་སྐྱུར་ཀལ་ཡིན་པ་དང་། དེ་དག་ནི་བྲག་ཕུག་ཕྱི་རོལ་གྱི་ཆར་ཆུས་རྡོ་ཐལ་བྲག་རྡོ་ཞུ་འབྱེད་བྱས་རྗེས། ཐིགས་པ་རེ་རེར་མར་སླིགས་པ་ལས་གྲུབ་པ་ཡིན། རྡོ་སྨུག་ནང་དུ་དབྱང་གི་གནས་མཐུན་རྒྱུ་ནི་ཐྭན་སྐྱུར་ཀལ་གྱི་ནང་དུ་གནས་ཡོད། དུས་རླུང་ས་ཁུལ་དུ་ཆར་ཆུ་འབབ་ཚད་ཅི་ཙམ་མང་ན་དབྱང་གི་གནས་མཐུན་རྒྱུ་ནི་དེ་ཙམ་གྱིས་ལྡོག་པར་འགྱུར། དེ་ལས་སྐབས་དེའི་རླུང་ཁམས་ཆེན་པོའི་ཆར་ཆུ་འབབ་པའི་གནས་ཚུལ་མངོན་པར་མཚོན་པ་ཡིན།

ཕྱོགས་གཞན་ཞིག་ནས། རང་རྒྱལ་གྱི་ཆར་ཆུ་མང་ཆེ་བ་ཨེ་ཤ་ཡའི་དུས་རླུང་གི་འགྱུར་ལྡོག་དང་འབྲེལ་བ་དམ་ཟབ་ཡོད། གལ་ཏེ་དུས་རླུང་ཆེ་ཏུ་ཕྱིན་ཚེ་རྒྱ་མཚོའི་ཆར་ཆུ་ཇེ་མང་དུ་འགྲོ་བ་དང་། ཞིང་ལས་ལོ་ལེགས་བྱུང་ན་མི་སེར་བདེ་སྐྱིད་ལས་བརྩོན་ཡོང་བ་ཡིན། གལ་ཏེ་དུས་རླུང་ཞན་ན་གནམ་གཤིས་ལ་ཐན་སྐམ་བྱུང་སྟེ། ཞིང་ལས་ཐོན་འབབ་ཇེ་ཉུང་དུ་སོང་ན་ཞིང་པའི་འོས་ལངས་འབྱུང་སླ་བ་ཡིན།

དེ་བས་ཚན་རིག་ཞིབ་འཇུག་མི་སྣས་ཞིབ་ཚགས་ལྡན་པའི་སྒོ་ནས་ཀྲུང་གོའི་འདས་ཟིན་པའི་ལོ་ངོ1800ལྷག་རིང་གི་ཆར་ཆུ་འབབ་ཚད་ཀྱི་འགྱུར་ལྡོག་ལ་ཞིབ་ཚད་མཐོ་བ་དང་དབྱེ་འབྱེད་མཐོ་བའི་འཁྲུག་ཐིག་ཅིག་བཟོས་ཤིང་། དེའི་འཕྲོར་འཁྲུག་ཐིག་དང་ལོ་རྒྱུས་སྟེང་གི་རྒྱལ་རབས་སོ་སོར་ཞིབ་བསྡུར་བྱས་ཡོད། ཐོབ་པའི་མཇུག་འབྲས་ནི། གལ་སྲིད་ཆར་ཆུ་འབབ་ཚད་ཆེས་ཆེར་ཇེ་ཉུང་དུ་སོང་བའི་ལོ་རབས་ཡིན་ན། ཕལ་ཆེར་རྒྱལ་རབས་ཉམས་རྒུད་ཀྱི་ལོ་རབས་དང་གཅིག་མཚུངས་ཡིན་པ་ཤེས་རྟོགས་བྱུང་ཡོད་དོ། །

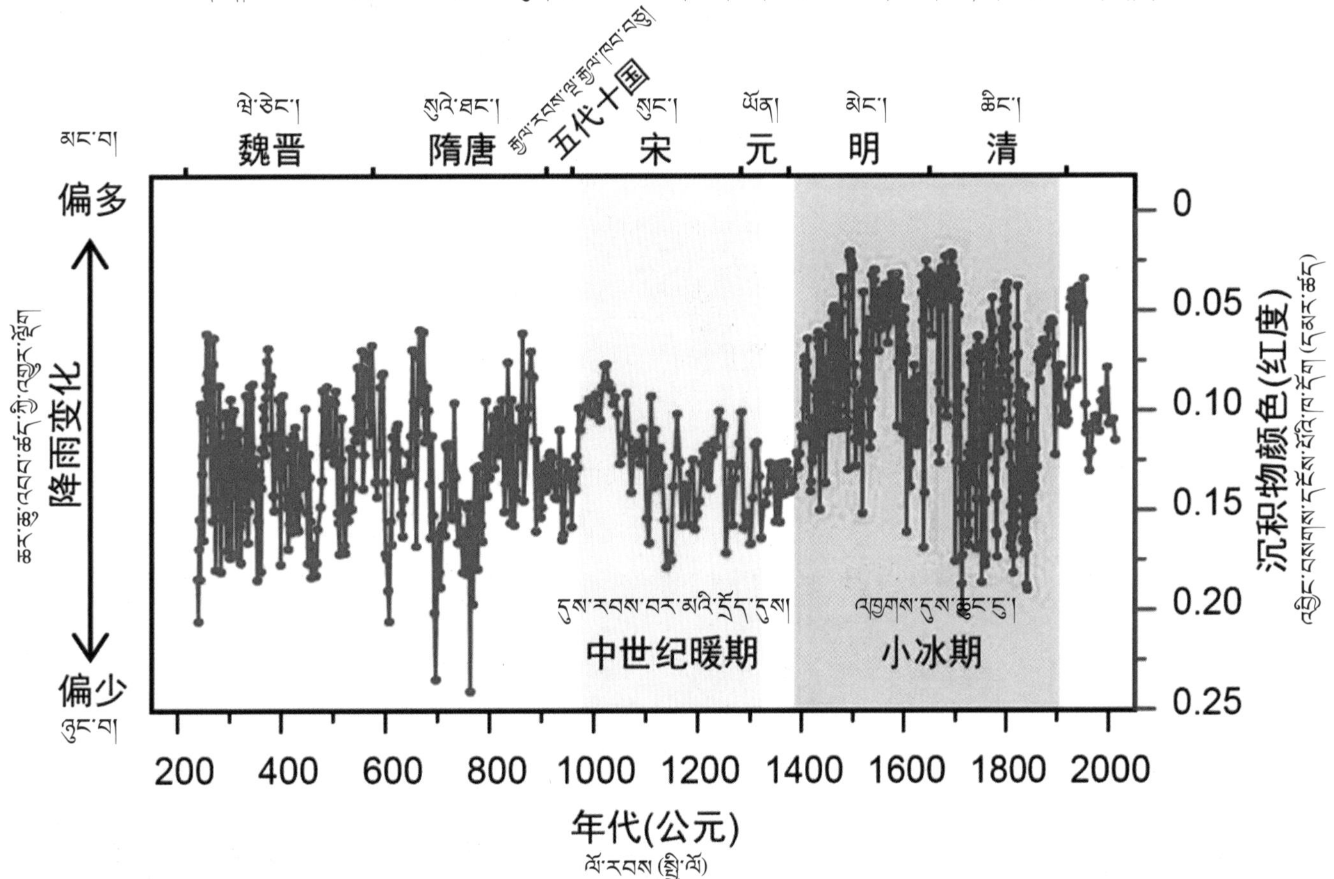

27 最早的动物合作
ཆེས་ཐོག་མའི་སྲོག་ཆགས་མཉམ་ལས།

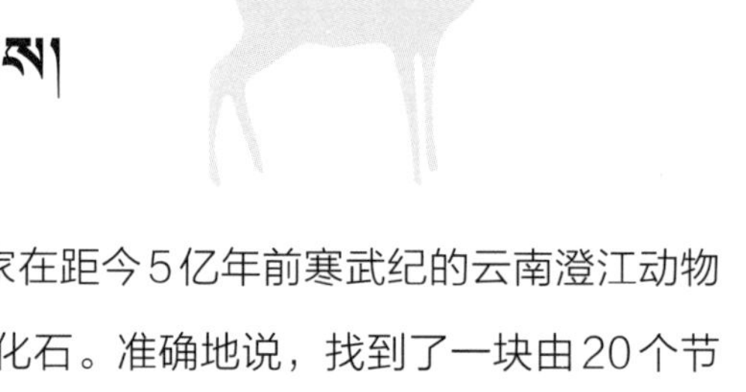

据2008年10月10日的《科学》杂志报道，中国科学家在距今5亿年前寒武纪的云南澄江动物化石群中又有了新发现，找到了最早的动物集体行为的动物化石。准确地说，找到了一块由20个节肢动物个体一一相扣、排成一串的化石，它们好像正排着长队进行着某种活动，从而为动物的集体行为找到了渊源。

这20个动物个体是一种新的节肢动物，它们的名字尚未确定。它们的形体很像虾，尾部有两半，从肢体的后腹部伸出，嵌入后面一个同伴的壳里。科学家们初步判断，这里的“壳”应该相当于它们头、胸的部分。经分析，这些小动物应该是在海洋中漂浮或游动，或以这种方式逃离食肉动物的攻击，或正在迁徙以躲避恶劣环境，或是一种生育活动，或是正在觅食等。

实际上，这些化石所展示的动物集体行为，即使是在现代无脊椎动物中也都很难看到类似情况。因此，这一发现为早期集体行为的进化提供了意外的可见性证明，很可能代表了某种联合生殖和抵御捕食的战略行为。

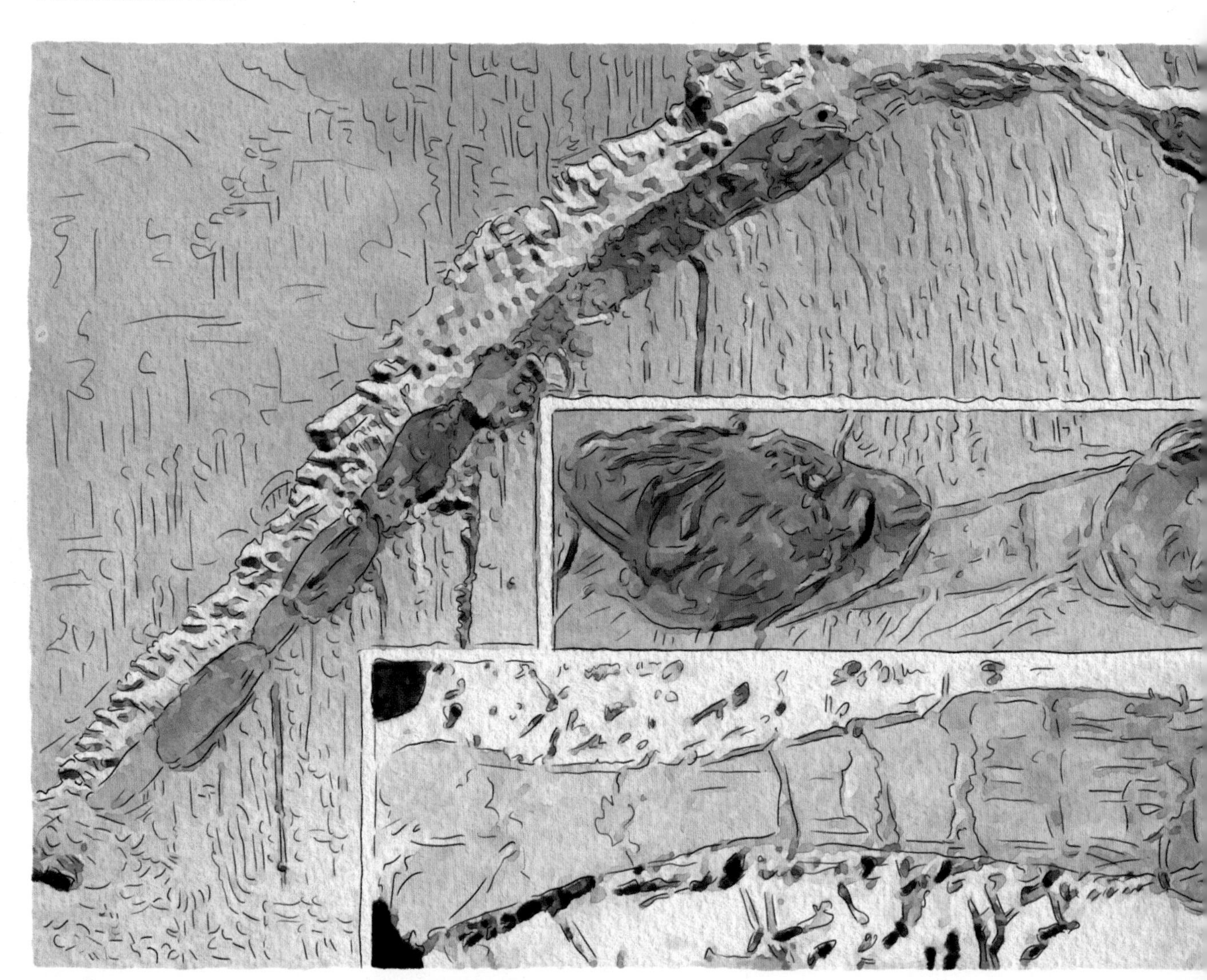

2008ལོའི་ཟླ10པའི་ཚེས10ཉིན་གྱི《ཚན་རིག》དུས་དེབ་སྟེང་དུ་སྤེལ་བའི་གནས་ཚུལ་ལྟར་ན། ཀྲུང་གོའི་ཚན་རིག་པས་ལོ་ངོ་དུང་ཕྱུར5ཡི་གོང་གི་ཁན་ལྷའུ་དུས་རབས་ཀྱི་ཡུན་ནན་ཁྲིང་ཅང་སྤྲོག་ཆགས་འགྱུར་རྫོའི་ཁྲོད་དུའང་ཤེས་རྟོགས་གསར་བ་བྱུང་ཞིང་། ཆེས་ཐོག་མའི་སྤྲོག་ཆགས་ཐུན་མོང་བྱ་སྤྱོད་ཀྱི་འགྱུར་རྫོ་རྙེད་ཡོད། གསལ་པོར་བཤད་ན། སྐལ་ཚིགས་མེད་པའི་སྤྲོག་ཆགས20རེ་རེ་བཞིན་སྦྲེལ་བ་དང་ཕྲེང་གཅིག་ཏུ་བསྒྲིགས་པའི་འགྱུར་རྫོ་ཞིག་རྙེད་པ་དང་། དེ་དག་ནི་གྲལ་རིང་པོར་བསྒྲིགས་ན་བྱ་འགྲུལ་སྤེལ་བཞིན་ཡོད་པ་དང་འདྲ་སྟེ། འདི་ལས་སྤྲོག་ཆགས་ཀྱི་ཐུན་མོང་བྱ་སྤྱོད་ཀྱི་འབྱུང་ཁུངས་རྙེད་པ་ཡིན།

སྤྲོག་ཆགས20འདི་དག་གི་གཟུགས་གཞི་ནི་གསར་དུ་བྱུང་བའི་སྐལ་ཚིགས་མེད་པའི་སྤྲོག་ཆགས་ཀྱི་རིགས་ཤིག་ཡིན་ལ། འདི་དག་གི་མིང་ཡང་གཏན་ཁེལ་བྱས་མེད། འདི་དག་གི་གཟུགས་དབྱིབས་ནི་ཞ་སྐྱི་དང་འདྲ་ཞིང་། མཇུག་མ་ཕྱོགས་གཉིས་སུ་གྱེས་པ། ཡན་ལག་གི་གསུམ་པའི་རྒྱབ་ངོས་ནས་བསྒྲིངས་ཏེ་སྦྲེལ་ཡ་རྫེས་མའི་སྐོགས་ཤུན་དུ་འཇུལ་ཡོད། ཚན་རིག་པས་ཐོག་མར་ཐག་གཅོད་བྱས་པ་ནི། འདིའི་ནང་གི"སྐོགས་ཤུན"ནི་དེ་དག་གི་མགོ་དང་བྲང་ཁོག་གི་ཆ་ཤས་དང་མཚུངས་པ་ཡིན། དཔྱེ་ཞིབ་བྱས་པ་བརྒྱུད་དེ། སྤྲོག་ཆགས་ཚང་གྲས་འདི་དག་ནི་རྒྱ་མཚོའི་ནང་དུ་གཡེང་འཕྱོའམ་རྒྱལ་ནས་འགྲོ་བ་དང་ཡང་ན་བྱེད་ཐབས་འདི་སྤྱད་དེ་ཤ་གཟན་སྤྲོག་ཆགས་ཀྱི་ཚུར་རྐོལ་ལ་གཡོལ་བའམ། ཡང་ན་ཁོར་ཡུག་གི་གནོད་འཚེ་གཡོལ་ཆེད་གནས་སྤོ་བྱེད་པ། ཡང་ན་ཕྲུ་གུ་སྐྱེ་བའི་འགྲུལ་སྐྱོད་ཅིག་དང་གཟན་འཚོལ་བ་སོགས་ཡིན་ནོ། །

དོན་དངོས་སུ། འགྱུར་རྫོ་འདི་དག་ལས་མཚོན་པའི་སྤྲོག་ཆགས་ཐུན་མོང་གི་བྱ་སྤྱོད་ནི་ད་ལྟའི་སྐལ་ཚིགས་མེད་པའི་སྤྲོག་ཆགས་ཀྱི་ཁྲོད་དུའང་དེ་དང་འདྲ་བའི་གནས་ཚུལ་མཐོང་དཀོན་པ་ཡིན། དེ་བས། གསར་རྙེད་འདིས་ཆེས་ཐོག་མའི་ཐུན་མོང་བྱ་སྤྱོད་ཀྱི་འཕེལ་འགྱུར་ལ་བསམ་ཡུལ་ལས་འདས་པའི་མཐོང་ཐུབ་རང་བཞིན་གྱི་བདེན་དཔང་འདོན་སྤྲོད་བྱས་ཡོད་ལ། འདིས་སྐྱེ་འཕེལ་མཉམ་འབྲེལ་དང་ཇོན་འགོག་འཐབ་རྩུས་བྱ་སྤྱོད་ཀྱི་ཚབ་མཚོན་བྱེད་ཐུབ་པ་ཡིན་ནོ། །

28 即将变成鸟的恐龙
བྱ་རིགས་སུ་འགྱུར་ལ་ཉེ་བའི་སྲིན་འབྲུག

据2008年10月的《自然》杂志报道，中国科学家在内蒙古道虎沟化石层，发现了一块从头到最后一枚尾椎的、保存较为完整的小型恐龙骨骼化石。化石靠近躯干部分长约20厘米，复原全长超过40厘米。经考证确定，它是一种新的恐龙，被命名为“胡氏耀龙”，它为鸟类起源提供了新的证据，因为它的尾椎极度退化，仅有16枚尾椎，远少于始祖鸟等。

实际上，该恐龙的头短而高，具有窃蛋龙那样的头骨外形，上下颌均有牙齿且前倾。虽然它的前肢长于后肢，但看上去更像鸟，比如，髂骨前端强烈凸起。它不能飞行，因为它的羽毛还未形成类似于鸟类的飞羽构造。将它的特征与其他恐龙和鸟类的363个特征对比分析后发现，这种恐龙属于鸟翼类。所以，它代表了与鸟类亲缘关系最为接近的恐龙之一。该恐龙有四枚较长的带状尾羽，长而花哨的尾羽在现代鸟类中通常是作为物种间或种内信息交流的工具，所以，该恐龙的长尾羽可能也主要用于炫耀和传递信息等，而不是用于飞翔。

2008ལོའི་ཟླ10པའི《རང་བྱུང》དུས་དེབ་སྙིང་དུ་སྤེལ་བའི་གནས་ཚུལ་ལྟར་ན། ཀྲུང་གོའི་ཚན་རིག་པས་ནང་སོག་གནའ་ལམ་ཧུའུ་ཀོའུ་འགྱུར་རྡོའི་བང་རིམ་ནས་མགོ་ནས་མཇུག་གི་ཟ་ཚིགས་བར་ཉར་ཚགས་ཅུང་ཆ་ཚང་བའི་སྲིན་འབྲུག་གི་རུས་པའི་འགྱུར་རྡོ་ཆུང་ངུ་ཞིག་རྙེད་བྱུང་། འགྱུར་རྡོ་ནི་ལུས་གཞུང་དང་ཐག་ཉེ་ཞིང་རིང་ཚད་ལ་ལི་སྨི20ཡོད་པ་དང་། སླར་གསོའི་སྤྱིའི་རིང་ཚད་ལི་སྨི40ལས་བརྒལ་ཡོད། རྟོག་ཞིབ་བྱས་པ་བརྒྱུད་དེ། འདི་ནི་སྲིན་འབྲུག་རིགས་གསར་བ་ཞིག་ཡིན་པ་དང་། མིང་ལ"ཧུའུ་ཧྲི་ཡའོ་འབྲུག"ཅེས་བཏགས། འདིས་བྱ་རིགས་ཀྱི་འབྱུང་ཁུངས་ལ་བདེན་དཔང་གསར་བ་བྱས་ཤིང་། རྒྱུ་མཚན་ནི་འདིའི་ཟ་ཚིགས་ཆེས་ཆེར་ཞན་འགྱུར་སོང་ནས16ལས་མེད་དེ། ཧྲི་ཙོ་ཉའོ་སྲིན་འབྲུག་སོགས་ལས་ཧ་ཅང་ཉུང་བའོ། །

དོན་དངོས་སུ། སྲིན་འབྲུག་འདིའི་མགོ་ཐུང་ཞིང་མཐོ་བ་དང་། སྒོང་བརྐུ་སྲིན་འབྲུག་ལྟ་བུའི་མགོ་རུས་ཀྱི་ཕྱི་དབྱིབས་ཡོད། ཡ་མགལ་དང་མ་མགལ་གཉིས་ཀར་སོ་ཡོད་པར་མ་ཟད་མདུན་དུ་ཕྱོགས་ཤིང་། འདིའི་ལག་པ་ནི་རྐང་བ་ལས་རིང་སོད། འོན་ཀྱང་བལྟས་ཚོད་ཀྱིས་བྱ་རིགས་དང་ཤིན་ཏུ་མཚུངས་ཏེ། དཔེར་ན། ལྟག་གོར་མདུན་ཕྱོགས་སུ་འབུར་དྲགས་པ་ལྟ་བུ་ཡིན། འདི་ཉིད་འཕུར་མི་ཐུབ་སྟེ། རྒྱུ་མཚན་ནི་འདིའི་གཤོག་སྒྲོ་ནི་བྱ་རིགས་དང་མཚུངས་པའི་གཤོག་སྒྲོའི་གྲུབ་ཚུལ་མེད་པས་ཡིན། འདིའི་ཁྱད་ཆོས་སྲིན་འབྲུག་གཞན་དང་བྱ་རིགས་ཀྱི་ཁྱད་ཆོས363ལ་བསྡུར་ཏེ་དབྱེ་ཞིབ་བྱས་རྗེས། སྲིན་འབྲུག་འདི་རིགས་ནི་གཤོག་ལྡན་གྱི་ཁོངས་སུ་གཏོགས་པ་ཤེས། འདི་ལས་བྱ་རིགས་དང་གཉེན་འབྲེལ་ཟབ་པའི་སྲིན་འབྲུག་གི་གྲས་ཤིག་ཡིན་པ་མཚོན་ནོ། །སྲིན་འབྲུག་འདིར་ཅུང་རིང་བའི་མཇུག་སྒྲོ་བཞི་ཡོད་ཅིང་། རིང་ཞིང་ཁྲ་ཆིལ་གྱི་མཇུག་སྒྲོ་ནི་དེང་དུས་བྱ་རིགས་ཀྱི་ཁྲོད་དུ་རྒྱུན་པར་དངོས་རིགས་བར་དང་ཡང་ན་རིགས་གཅིག་ནང་ཁུལ་བར་གྱི་ཆ་འཕྲིན་བརྗེ་རེས་བྱེད་པའི་ཡོ་བྱད་ཡིན། དེ་བས། སྲིན་འབྲུག་འདིའི་མཇུག་སྒྲོ་རིང་པོའང་གཙོ་བོར་མཛེས་ཉམས་འཛོམ་པ་དང་ཆ་འཕྲིན་བརྒྱུད་སྤྲོད་བྱེད་པ་སོགས་ལ་སྤྱོད་པ་ལས་འཕུར་སྐྱོད་བྱེད་པར་བཀོལ་བ་མིན་ནོ། །

29 六亿年前的动物休眠卵化石

ལོ་ཐེ་དུང་ཕྱུར་དྲུག་སྔོན་གྱི་སྲོག་ཆགས་ཀྱི་དགུན་ཉལ་སྒོ་ངའི་འགྱུར་རྡོ།

据2007年4月5日的《自然》杂志报道，中国科学家发现了迄今最早的动物休眠卵化石，这将人类已知的动物起源时间提前至6.32亿年前，比此前已知的5.8亿年前又提早了5000多万年。该发现的意义非常重大，它说明当时多细胞动物就已在地球上开始活动了。

什么是休眠卵呢？原来，在动物繁殖的过程中，为了应对恶劣环境，某些动物的胚胎会被一层薄膜包裹，此时，动物的胚胎发育处于休眠期。待到条件合适时再发育，这样的动物胚胎就叫休眠卵。

中国科学家在曾经发现5.8亿年前动物胚胎化石的附近，湖北宜昌晓峰河剖面距今6.32亿年的地层中发现了卵囊胞，即包裹在动物胚胎外的包被膜，从而断定这是当时动物的休眠卵。此前，人们曾于1998年，在约5.6亿年前的贵州瓮安埃迪卡拉系陡山沱组地层中，发现了大量的动物胚胎化石和微型动物成体化石，比如，两侧对称动物“小春虫”和有极叶构造的动物等。这些发现解释了随后寒武纪生命大爆发的原因。

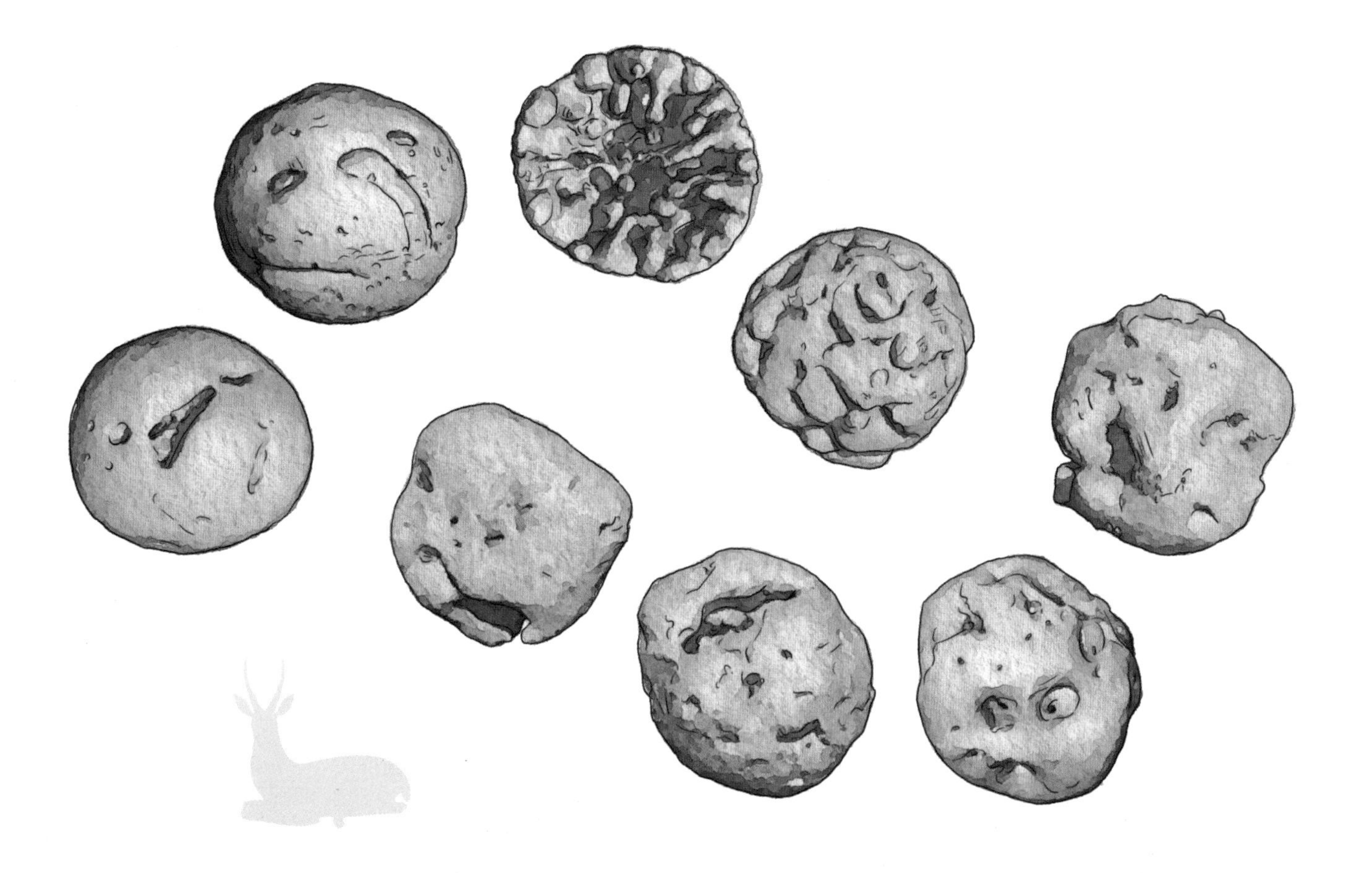

2007ལོའི་ཟླ4པའི་ཚེས5ཉིན་གྱི《རང་བྱུང》དུས་དེབ་སྟེང་དུ་སྤེལ་བའི་གནས་ཚུལ་ལྟར་ན། ཀྲུང་གོའི་ཚན་རིག་པས་ད་ལྟའི་བར་དུ་སྲོག་ཆགས་ཀྱི་དགུན་ཉལ་སྒོ་ངའི་འགྱུར་རྡོ་སྔ་ཤོས་ཤིག་ཤེས་རྟོགས་བྱུང་ཡོད། དེས་མིའི་རིགས་ཀྱིས་ཤེས་རྟོགས་བྱུང་བའི་སྲོག་ཆགས་ཀྱི་འབྱུང་ཁུངས་དུས་ཚོད་ལོ་ངོ་དུང་ཕྱུར6.32གོང་དུ་བསྐྱུར་བ་དང་། དེའི་སྔ་རོལ་དུ་ཤེས་རྟོགས་བྱུང་བའི་ལོ་ངོ་དུང་ཕྱུར5.8ནས་སླར་ཡང་ལོ་ངོ་ཁྲི5000ལྷག་ཙམ་གྱིས་སྔོན་དུ་དེད་པ་ཡིན། ཐེངས་འདིའི་ཤེས་རྟོགས་ལ་དོན་སྙིང་གལ་ཆེན་ལྡན་ཏེ། འདིས་སྐབས་དེར་ཕྲ་ཕུང་མང་བའི་སྲོག་ཆགས་སའི་གོ་ལའི་སྟེང་འགྱུལ་སྐྱོད་བྱེད་པར་མགོ་བརྩམས་པ་གསལ་བཤད་བྱས་ཡོད།

ཅི་ཞིག་ལ་དགུན་ཉལ་སྒོ་ང་ཟེར་རམ་ཞེ་ན། ས་གཞིར་སྲོག་ཆགས་སྐྱེ་འཕེལ་གྱི་བརྒྱུད་རིམ་ཁྲོད་དུ། ཁོར་ཡུག་གི་གནོད་འཚན་ལ་ཁ་གཏད་ཆེད། སྲོག་ཆགས་ཁ་ཤས་ཀྱི་སྦྲུམ་རྡེན་ནི་སྐྱི་མོ་སྲུབ་མོ་ཞིག་གིས་བཏུམས་ཡོད་ལ། སྐབས་དེར་སྲོག་ཆགས་ཀྱི་སྦྲུམ་རྡེན་སྐྱེ་འཚར་ནི་དགུན་ཉལ་དུས་ཡིན། ཆ་རྐྱེན་འོས་འཚམ་ཡིན་པའི་དུས་སུ་ཡང་བསྐྱར་སྐྱེ་འཚར་བྱེད་པའི་སྲོག་ཆགས་ཀྱི་སྦྲུམ་རྡེན་འདི་ལྟ་བུ་ལ་དགུན་ཉལ་སྒོ་ང་ཟེར།

ཀྲུང་གོའི་ཚན་རིག་པས་ལོ་ངོ་དུང་ཕྱུར5.8གོང་གི་སྲོག་ཆགས་ཀྱི་སྦྲུམ་རྡེན་འགྱུར་རྡོའི་ཞེ་འགྲམ་སྟེ། ཧུའུ་པེ་དབྱི་ཁྲང་ཞའོ་ཐུང་གཙང་པོའི་གཤགས་ངོས་ནས་ལོ་ངོ་དུང་ཕྱུར6.32འགོར་བའི་ས་རིམ་ཁྲོད་དུ་སྔོང་སྡོད་ཕུང་པོ་ཞིག་གསར་རྙེད་བྱུང་ཞིང་། དེ་ནི་སྲོག་ཆགས་ཀྱི་སྦྲུམ་རྡེན་ཕྱི་རོལ་དུ་ཐུམ་སྒྲིལ་བྱས་པའི་སྐྱི་པགས་ཤིག་ཡིན་པས། འདི་ཉིད་ནི་སྐབས་དེའི་སྲོག་ཆགས་ཀྱི་དགུན་ཉལ་སྒོ་ང་ཡིན་པའི་ཁ་ཚོན་གཅོད་ཐུབ། འདིའི་གོང་རོལ་དུ། མི་རྣམས་ཀྱིས1998ལོར་ལོ་ངོ་དུང་ཕྱུར5.6གོང་གི་ཀུའེ་ཀྲོའུ་ཞུང་ཨན་ཨེ་ཏའི་ཁྲ་ལྷ་རི་བོའི་ཐའོ་ཙོ་ས་རིམ་ཁྲོད་དུ། སྲོག་ཆགས་སྦྲུམ་རྡེན་གྱི་འགྱུར་རྡོ་དང་སྲོག་ཆགས་ཆུང་གྲུས་གཟུགས་ཀྱི་འགྱུར་རྡོ་འཕོར་ཆེན་རྙེད་དེ། དཔེར་ན། གཞོགས་གཉིས་ཆ་འགྲིག་གི་སྲོག་ཆགས"དཔྱིད་འབུ་ཆུང་དུ"དང་སྣེ་ལྡན་པོ་མའི་གྲུབ་པའི་སྲོག་ཆགས་སོགས་ལྟ་བུ་ཡིན། གསར་རྙེད་འདི་དག་གིས་རྗེས་ཀྱི་ཧན་ཝུའུ་དུས་རབས་ཀྱི་ཚེ་སྲོག་ཀློང་བརྡོལ་ཆེན་མོའི་རྒྱུ་རྐྱེན་གསལ་བཤད་བྱས་ཡོད་དོ། །

30 最大的似鸟恐龙
ཆེས་ཆེ་བའི་བྱ་རིགས་དང་མཚུངས་པའི་སྲིན་འབྲུག

据2007年6月14日的《自然》杂志报道，中国科学家在内蒙古的一处大约8千万年前的沉积岩中，发现了一个巨型兽脚类全球最大的似鸟恐龙化石——二连巨盗龙。它体长约8米，站立高度超过5米，体重约1.4吨，体型堪比著名的暴龙，不仅是属于鸟类的窃蛋龙类近亲，还是一种处于过渡类型的窃蛋龙。它是恐龙向鸟类演化过程中的一个特例，因为普通似鸟恐龙的个体都较小，多数体重都不超过几公斤。比如，似鸟尾羽龙的体重就只有二连巨盗龙体重的约三百分之一。

二连巨盗龙也像尾羽龙一样，体披羽毛。此前已知的最大有羽动物是在澳大利亚发现的生存于8万到600万年前的雷鸟，其体重也不过区区500公斤。非常有趣的是，二连巨盗龙具有大量似鸟特征。比如，它没有牙齿，却发育了一个巨大的喙，它肯定是目前已知的有喙恐龙中体形最大的。曾经，人们发现，体型越小的似鸟龙就具有更多的鸟类特征，但二连巨盗龙却比许多似鸟龙更像鸟，这就增加了鸟类起源模式的复杂性。

2007ལོའི་ཟླ6པའི་ཚེས14ཉིན་གྱི《རང་བྱུང》དུས་དེབ་སྟེང་དུ་སྤེལ་བའི་གནས་ཚུལ་ལྟར་ན། ཀྲུང་གོའི་ཚན་རིག་པས་ནང་སོག་ནས་ལོ་ངོ་བྱེ་བ8སྔོན་གྱི་སྐྱིགས་བསགས་བྲག་རྫོའི་ཁྲོད་དུ། གོ་ལ་ཧྲིལ་པོར་སྔར་ཐོགས་རིགས་ཀྱི་ཆེས་ཆེ་བའི་བྱ་རིགས་དང་མཚུངས་པའི་སྲིན་འབྲུག་གི་འགྱུར་རྫོ་སྟེ་ཨར་ལན་ཛུ་ཏའོ་སྲིན་འབྲུག་ཆེན་པོ་ཞིག་རྙེད། དེའི་གཟུགས་པོའི་རིང་ཚད་ལ་སྨི8ཙམ་ཡོད་པ་དང་། ཡར་ལངས་པའི་མཐོ་ཚད་སྨི5ལས་བརྒལ་ཞིང་། ལུས་པོའི་ལྗིད་ཚད་ལ་ཏུན1.4ཙམ་ཡོད་ཅིང་། གཟུགས་དབྱིབས་ནི་སྐད་གྲགས་ཆེ་བའི་པའོ་ལུང་གཏུམ་འབྲུག་དང་མཚུངས། དེ་ནི་བྱ་རིགས་ཀྱི་སྔོང་བརྒྱུ་སྲིན་འབྲུག་གི་གཉེན་ཉེ་ཡིན་པར་མ་ཟད། ད་དུང་བར་བརྒལ་རིམ་པར་ཡོད་པའི་སྔོང་བརྒྱུ་སྲིན་འབྲུག་ཅིག་ཀྱང་ཡིན། འདི་ནི་སྲིན་འབྲུག་བྱ་རིགས་སུ་འཕོ་འགྱུར་བྱེད་པའི་གོ་རིམ་ཁྲོད་ཀྱི་དམིགས་བསལ་གྱི་དཔེ་གཞི་ཞིག་ཡིན། རྒྱུ་མཚན་ནི་སྤྱིར་བཏང་གི་བྱ་རིགས་དང་མཚུངས་པའི་སྲིན་འབྲུག་རྣམས་ཅུང་ཆུང་ཞིང་། མང་ཆེ་བའི་ལྗིད་ཚད་སྤྱི་རྒྱ་འགའ་ལས་མི་བརྒལ་བའི་རྐྱེན་གྱིས་ཡིན་ཏེ། དཔེར་ན། བྱ་མཇུག་སྒྲོ་ལྡན་སྲིན་འབྲུག་གི་ལྗིད་ཚད་ནི་ཨར་ལན་ཛུ་ཏའོ་སྲིན་འབྲུག་གི་ལྗིད་ཚད་ཀྱི་སུམ་བརྒྱའི་ཆ་གཅིག་ཙམ་ལས་མེད།

ཨར་ལན་ཛུ་ཏའོ་སྲིན་འབྲུག་ཀྱང་བྱ་མཇུག་སྒྲོ་ལྡན་སྲིན་འབྲུག་དང་མཚུངས་པར་ལུས་ལ་སྒྲོ་སྤུ་ཡོད། འདིའི་གོང་དུ་ཤེས་རྟོགས་བྱུང་བའི་སྒྲོ་ལྡན་སྲོག་ཆགས་ཆེ་ཤོས་ནི་ཨོ་སི་ཁྲུ་ལི་ཡ་རུ་བྱུང་བའི་ལོ་ཁྲི8ནས་ཁྲི600བར་གྱི་བྱ་རིགས་ལེ་ཉིའོ་ཡིན་པ་དང་། འདིའི་ལྗིད་ཚད་ཀྱང་མཐར་ཡང་སྤྱི་རྒྱ500ལས་མེད། ཧ་ཅང་ངོ་མཚར་ཆེ་བ་ནི་ཨར་ལན་ཛུ་ཏའོ་སྲིན་འབྲུག་འདིར་བྱ་རིགས་དང་མཚུངས་པའི་ཁྱད་ཆོས་མང་པོ་ཡོད་དེ། དཔེར་ན། འདིར་སོ་མེད་ཀྱང་མཆུ་ཏོ་ཆེན་པོ་ཞིག་སྐྱེས་ཡོད་པ་ནི་མིག་སྔར་ཤེས་ཟིན་པའི་མཆུ་ཏོ་ཡོད་པའི་སྲིན་འབྲུག་ལས་གཟུགས་དབྱིབས་ཆེས་ཆེ་བ་དེ་ཡིན་པར་ཐག་ཆོད་པ་ཡིན། སྔོན་ཆད་མི་རྣམས་ཀྱིས་གཟུགས་དབྱིབས་ཆུང་བའི་བྱ་རིགས་དང་མཚུངས་པའི་སྲིན་འབྲུག་ལ་བྱ་རིགས་ཀྱི་ཁྱད་ཆོས་དེ་ལྟར་ལྡན་པ་ཤེས་སོང་། འོན་ཀྱང་ཨར་ལན་ཛུ་ཏའོ་སྲིན་འབྲུག་ནི་བྱ་རིགས་དང་མཚུངས་པའི་སྲིན་འབྲུག་མང་པོ་ལས་ཀྱང་བྱ་རིགས་དང་ཤིན་ཏུ་མཚུངས་པས། བྱ་རིགས་འབྱུང་ཁུངས་ཀྱི་རྣམ་པའི་རྙོག་འཛིང་རང་བཞིན་འཕར་སྣོན་བྱུང་ཡོད།

31 沙漠绿色走廊
བྱེ་ཐང་གི་ལྗང་མདོག་བརྒྱུད་ལམ།

2006年，中国开通了全球首条穿越流动沙漠的长达436公里的绿色公路，并成功解决了生物防沙这一世界性难题。

该公路所穿越的沙漠是中国最大、全球第十、世界第二大流动沙漠塔克拉玛干沙漠，酷暑最高温度达67摄氏度，昼夜温差达40摄氏度以上。平均年降水小于100毫米，最低只有四五毫米，而平均年蒸发量却高达2500毫米至3400毫米。

在沙漠中修公路到底难在哪儿呢？难就难在如何保护公路不被流沙侵蚀和掩盖，单单是在公路两边修建绿化带就无异于太岁头上动土。首先得解决植树的水源。就算可以打深井，但这基本上都只能得到高度盐碱的苦水，一般植物根本受不了。就算可以移植海边植物，但树木维护的庞大工作量和技巧也是难上加难。比如，不能直接从地面浇水，否则水会被立即蒸发；高温处也不能浇水，否则树木必死无疑等。不能让枝叶太少，否则树木的生命力不够强。也不能让枝叶太多，否则树木也会因新陈代谢过盛而死亡。总之，类似的进退维谷之事数不胜数。

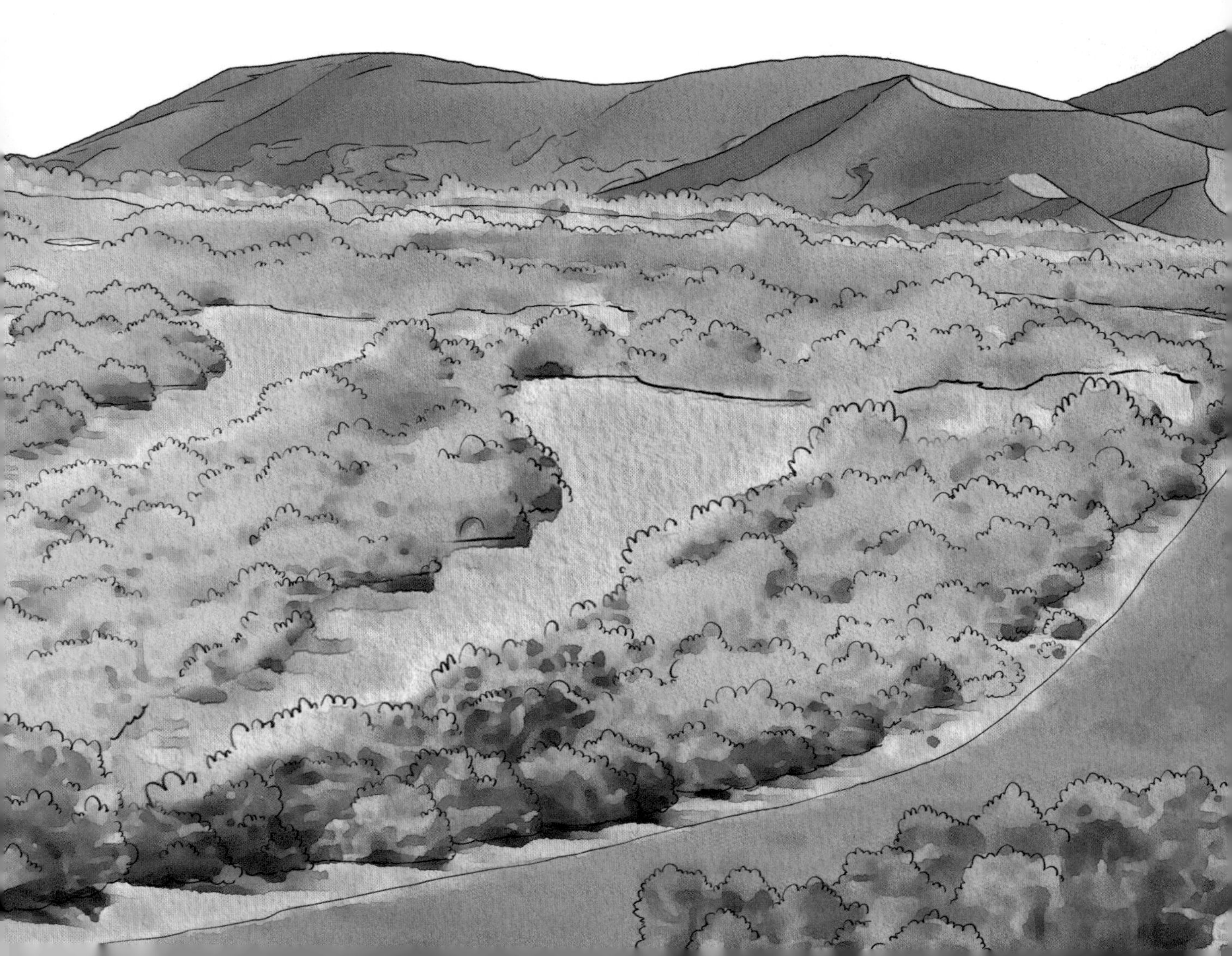

2006ལོར་ཀྲུང་གོས་འཛམ་གླིང་སྟེང་གི་ཆེས་ཐོག་མའི་རིང་ཚད་ལ་སྤྱི་ལེ436ཟིན་པའི་རྒྱ་འགྲུལ་བྱེ་ཐང་བརྒྱལ་བའི་ལྷོང་མདོག་གཞུང་ལམ་ཐོག་མ་བསྐྲུན་པ་དང་། སྐྱེ་དངོས་བྱེ་འགོག་སྟེ་འཛམ་གླིང་རང་བཞིན་གྱི་དཀའ་གནད་དེ་བདེ་བླག་ངང་ཐག་གཅོད་བྱས་ཡོད།

གཞུང་ལམ་འདི་ཉིད་བརྒྱུད་པའི་བྱེ་ཐང་ནི་ཀྲུང་གོའི་བྱེ་ཐང་ཆེ་ཤོས་དང་འཛམ་གླིང་གི་ཨང་བཅུ་པ། འཛམ་གླིང་གི་རྒྱ་འགྲུལ་བྱེ་ཐང་ཆེ་གྲས་གཉིས་པ་སྟེ་ཐཱ་ཁི་ལཱ་མ་ཀན་བྱེ་ཐང་ཡིན། ཚ་གདུག་གི་དྲོད་ཚད་མཐོ་ཤོས་ཧྲེ་ཧྲི་ཏུའུ67ཟིན་པ་དང་ཉིན་མཚན་གྱི་དྲོད་ཚད་ཁྱད་པར་ཧྲེ་ཧྲི་ཏུའུ40ཡན་ཟིན། ཆ་སྙོམས་ལོ་རེའི་ཆར་ཆུ་འབབ་ཚད་ཏའོ་སྨི100ལས་ཆུང་བ་དང་། དམའ་ཤོས་ལ་ཏའོ་སྨི་བཞི་ལྔ་ཙམ་ལས་མེད་ཅིང་། ཆ་སྙོམས་ལོ་རེར་རླངས་འགྱུར་ཚད་ཏའོ་སྨི2500ནས་ཏའོ་སྨི3400ཟིན།

བྱེ་ཐང་དུ་གཞུང་ལམ་བཟོ་བའི་དཀའ་ཁག་གང་དུ་ཡོད་དམ་ཞེ་ན། དཀའ་ཁག་ནི་གཞུང་ལམ་ལ་བྱེ་མས་བསྣད་སྐྱོན་དང་མནོན་འགེབས་བྱེད་པར་འགོག་སྲུང་བྱ་རྒྱུ་དེ་ཡིན། གཞུང་ལམ་གྱི་གཡས་གཡོན་དུ་ལྷོང་འགྱུར་གནས་ཡུལ་བསྐྲུན་པ་ཁོ་ན་ནི་བྱ་སྟོང་བྲག་ལ་བརྒྱབ་པ་དང་ཁྱད་པར་མེད། ཐོག་མར་སྟོང་འཛུགས་ཀྱི་ཆུ་ཁུངས་ཐག་གཅོད་དགོས། ཁྲོན་པ་གཏིང་ཟབ་བརྐོ་ཐུབ་ནའང་། འདིས་གཞི་རྩའི་ཆ་ནས་ཚྭ་ཚད་མཐོན་པའི་ཆུ་ཁོ་ན་ཐོབ་པ་ལས་སྤྱིར་བཏང་གི་རྩི་ཤིང་གིས་གཏན་ནས་བཟོད་མི་ཐུབ། མཚོ་འགྲམ་གྱི་རྩི་ཤིང་སྤོ་འཛུགས་བྱེད་ཐུབ་ནའང་། ཤིང་སྡོང་སྲུང་སྐྱོང་གི་ལས་ཀའི་གཞི་ཁྲོན་ཆེ་བ་དང་ལག་རྩལ་ཡང་དཀའ་ལས་གཅིག་སྟེང་གཉིས་བརྩེགས་བྱས་པ་ཙམ་ཡིན་ཏེ། དཔེར་ན། ས་ངོས་སུ་ཐད་ཀར་ཆུ་གཏོང་མི་རུང་སྟེ། བཏང་ན་ཆུ་མྱུར་དུ་རླངས་འགྱུར་བྱེད་སྲིད། དྲོད་ཚད་མཐོན་པོའི་གནས་སྐབས་སུ་ཆུ་གཏོང་མི་རུང་སྟེ། དེ་མིན་ཤིང་སྡོང་ངེས་པར་སྐམ་འགྲོ་བ་སོགས་ལྟ་བུ་ཡིན། ཡལ་འདབ་ཉུང་དྲགས་མི་རུང་སྟེ། དེ་མིན་ཤིང་སྡོང་ལ་གསོན་སྟོབས་ཆེན་པོ་མེད། ཡལ་འདབ་མང་དྲགས་ནའང་མི་རུང་སྟེ། དེ་མིན་ཤིང་སྡོང་ཡང་སྙིང་ཚབ་གསར་བརྗེ་བྱས་དྲག་པའི་རྐྱེན་གྱིས་སྐམ་འགྲོ་བ་ཡིན། མདོར་ན། དེ་དང་མཚུངས་པའི་སྐྱོན་འགྲོ་ཕྱིར་ནུར་དཀའ་བའི་བྱ་བ་གྲངས་ལས་འདས་པ་ཞིག་ཡོད་དོ། །

32 大洋一号
ཉ་དབྱང་ཡང་རྟགས་དང་པོ།

2006年1月22日，经过297天的漫长航行，我国远洋科考主力舰“大洋一号”畅通无阻地穿越太平洋、大西洋和印度洋，终于完成了中国首次海上环球科考任务，创造了中国海洋科考史上时间最长、行程最远的新纪录。

从1995年起，“大洋一号”就开始频繁出入于世界各大洲，执行着各种各样的大洋考察任务，更取得了难以计数的成就。实际上，“大洋一号”具备海洋地质、海洋地球物理、海洋化学、海洋生物、物理海洋、海洋水声等多学科的综合科研条件，可以承担海底地形、重力和磁力、地质和构造、综合海洋环境、海洋工程以及深海技术装备等多方面的调查和试验工作。

“大洋一号”的神威源于配备了一大批我国自主研发的先进设备，比如，现代化船舶网络系统、6000米深拖光学系统、4000米测深侧扫声学系统、3000米浅地层岩芯钻机、3000米电视抓斗、3000米海底摄像连续观测系统、船载深海嗜压微生物连续培养系统，以及各种管式、箱式或拖网等深海取样设备。

2006ལོའི་ཟླ1པའི་ཚེས22ཉིན། ཉིན་མོ297ལ་མཚོ་འགྲུལ་བྱས་པ་བརྒྱུད་དེ། རང་རྒྱལ་གྱི་རྒྱ་མཚོའི་རྒྱང་སྐྱོད་ཚན་རིག་ཞིབ་ཀྱི་གཙོ་ཤུགས་ཀྱི་གཟིངས"ཏ་དབྱང་ཡང་རྟགས་དང་པོ"འགོག་རྐྱེན་མེད་པར་ཞི་བདེ་རྒྱ་མཚོ་དང་ནུབ་ཀྱི་རྒྱ་མཚོ་ཆེན་པོ། ཉིན་རྡུ་རྒྱ་མཚོ་ཆེན་པོ་བཅས་བརྒྱལ་ནས་ཀྲུང་གོའི་ཐོག་མའི་མཚོ་སྙིང་གི་གོ་ལ་རྩིལ་པོའི་ཚན་རིག་རྟོག་ཞིབ་ལས་འགན་ལེགས་གྲུབ་བྱུང་བས། ཀྲུང་གོའི་རྒྱ་མཚོའི་ཚན་རིག་རྟོག་ཞིབ་ལོ་རྒྱུས་སྟེང་གི་དུས་ཡུན་ཆེས་རིང་བ་དང་བགྲོད་ལམ་ཆེས་རིང་བའི་ཟིན་ཐོ་གསར་པ་བསྐྲུན་ཡོད།

1995ལོ་ནས་བཟུང་། "ཏ་དབྱང་ཡང་རྟགས་དང་པོ"འཛམ་གླིང་གི་གླིང་ཆེན་ཁག་ཏུ་བསྐྱོད་མགོ་བརྩམས་པ་དང་། རྒྱ་མཚོ་ཆེན་པོའི་རྟོག་ཞིབ་ལས་འགན་སྣ་ཚོགས་བསྒྲུབས་ཏེ། གྲངས་ལས་འདས་པའི་གྲུབ་འབྲས་ཐོབ་ཡོད། དོན་དངོས་སུ"ཏ་དབྱང་ཡང་རྟགས་དང་པོར"རྒྱ་མཚོའི་ས་གཤིས་དང་རྒྱ་མཚོའི་གོ་ལའི་དངོས་ལུགས། རྒྱ་མཚོའི་རྫས་འགྱུར། རྒྱ་མཚོའི་སྐྱེ་དངོས། དངོས་ལུགས་དང་རྒྱ་མཚོ། རྒྱ་མཚོའི་ཆུ་སྨན་སོགས་རིག་ཚན་མང་པོའི་ཕྱོགས་བསྡུས་ཚན་ཞིབ་ཆ་རྐྱེན་ལྡན་པས། མཚོ་གཏིང་གི་ས་དབྱིབས་དང་། གློག་ཤུགས་དང་རྡུལ་ཤུགས། ས་གཤིས་དང་ཆགས་ཚུལ། ཕྱོགས་བསྡུས་རྒྱ་མཚོའི་ཁོར་ཡུག རྒྱ་མཚོའི་བཟོ་སྐྲུན། མཚོ་གཏིང་ལག་རྩལ་སློག་ཆས་སོགས་ཕྱོགས་མང་པོའི་བརྟག་དཔྱད་དང་ཚོད་ལྟའི་ལས་དོན་འགན་འཁུར་ཆོག

"ཏ་དབྱང་ཡང་རྟགས་དང་པོའི"ངོ་མཚར་གྱི་འབྱུང་ཁུངས་ནི་རང་རྒྱལ་གྱིས་རང་བདག་ཞིབ་བཟོ་བྱས་པའི་སྔོན་ཐོན་སློག་ཆས་འཕོར་ཆེན་ཞིག་སྒྲིག་སྦྱོར་བྱས་ཡོད་པ་དེ་ཡིན་ཏེ། དཔེར་ན། དེང་རབས་ཅན་གྱི་གྲུ་གཟིངས་དྲ་རྒྱའི་མ་ལག་དང་སྨི6000ཡོད་པའི་ཟབ་དྲུད་འོད་རིག་མ་ལག སྨི4000ཡོད་པའི་སྒྲ་བཤེར་རིག་པའི་མ་ལག སྨི3000ཡོད་པའི་ས་རིམ་བྲག་རྡོའི་སྙིང་གསོར་འཕྲུལ་འཁོར། སྨི3000ཡོད་པའི་བརྙན་འཕྲིན་བཟུང་སྡེབ། སྨི3000ཡོད་པའི་མཚོ་གཏིང་བརྙན་ལེན་བསྟུད་མར་ལྟ་འཛལ་མ་ལག གྲུ་ཐོག་མཚོ་གཏིང་གནོན་ཤེན་སྐྱེ་དངོས་ཆུང་ངུའི་རྒྱུན་གསོ་མ་ལག་སོགས་སྔུག་དབྱིབས་དང་སྐམ་དབྱིབས། ཡང་ན་དྲ་སྟུད་སོགས་མཚོ་གཏིང་དཔེ་ལེན་གྱི་སྒྲིག་ཆས་སོགས་ཡོད།

33 首次登上南极冰盖最高点

ཐེངས་དང་པོར་ལྷོ་སྣེའི་འཁྱགས་ཁེབས་ཀྱི་ཆེས་མཐོ་སར་སླེབས་པ།

据新华社报道，北京时间2005年1月18日3时16分，中国南极内陆冰盖昆仑科考队确认找到了南极内陆冰盖的最高点，南极冰盖冰穹A，南纬80度22分00秒，东经77度21分11秒，海拔4093米。这显然是人类探索自然的又一壮举，意味着亿万年来寒冷孤独的地球“不可接近之极”终于有了人类，还是中国人的足迹。紧接着，科考队在冰穹A设立了纪念标志，并在距冰穹A点300米处进行了冰芯钻探，这将有助于研究该地区数千年来的气候和环境演变。

中国为什么要抢占冰穹A点呢？原来，南极共有四个必争之点，即极点、磁点、冰点和内陆冰盖最高点。其中，前3个点已分别被美国、法国和俄罗斯占领，比如，美国在“极点”建立了斯科特科考站，法国在“磁点”建立了迪维尔科考站，俄罗斯在“冰点”测到了零下89摄氏度的全球最低自然气温，并建立了东方站。中国填补了海拔4000多米的内陆冰盖最高点这个唯一的科考空白。

ཞིན་ཧྭ་གསར་འགྱུར་ཁང་ནས་སྤེལ་བའི་གནས་ཚུལ་ལྟར་ན། པེ་ཅིན་དུས་ཚོད་ཀྱི2005ལོའི་ཟླ1པའི་ཚེས18ཉིན་གྱི་དུས་ཚོད3དང་སྐར་མ16སྟེང་དུ། ཀྲུང་གོའི་ལྷོ་སྣེའི་སྐམ་སའི་དབུས་ཁུལ་གྱི་ཁུ་ནུ་ས་ཚོགས་ཚན་རིག་རྟོག་ཞིབ་རུ་ཁག་གིས་ལྷོ་སྣེའི་སྐམ་སའི་དབུས་ཁུལ་གྱི་འཁྱགས་ཁེབས་མཐོ་ཤོས་གསར་རྙེད་བྱུང་། ལྷོ་སྣེའི་འཁྱགས་ཁེབས་ཀྱི་འཁྱགས་ཆུངAདང་། ལྷོ་འཕྲེད་ཐིག་གི་ཚད80དང་སྐར་མ22དང་སྐར་ཆ00 ཤར་གྱི་གཞུང་ཐིག་ཚད77དང་སྐར་མ21དང་སྐར་ཆ11 ས་བབ་མཐོ་ཚད་སྨི4093བཅས་ཡོད་པར་གཏན་ཁེལ་བྱས། དེ་ནི་མིའི་རིགས་ཀྱིས་རང་བྱུང་ཁམས་འཚོལ་ཞིབ་བྱས་པའི་རླབས་ཆེན་གྱི་མཛད་པ་ཞིག་ཡིན་ཞིང་། ལོ་ངོ་དུང་ཕྱུར་མང་པོའི་རིང་དུ། གྲང་ངར་ཆེ་ཞིང་སྟོང་འཛུགས་ཡིན་པའི་གོ་ལའི“ཉེ་བར་བཅར་མི་ཐུབ་པའི་སྣེ”རུ་གཞི་ནས་མིའི་རིགས་ཡོད་པར་གྱུར་ལ། དེ་ནི་ད་དུང་ཀྲུང་གོ་བའི་ཞབས་རྗེས་ཡིན་པ་མཚོན་ཡོད། དེའི་འཕྲོར་ཚན་རིག་རྟོག་ཞིབ་རུ་ཁག་གིས་འཁྱགས་ཆུངAལ་དྲན་གསོའི་མཚོན་རྟགས་བཙུགས་པ་དང་། འཁྱགས་ཆུངAདང་བར་ཐག་སྨི300ཡོད་སར་འཁྱགས་སྙིང་གསོར་འབིག་རྩད་ཞིབ་བྱས་ཤིང་། དེས་ས་ཁུལ་དེའི་ལོ་ངོ་སྟོང་ཕྲག་རིང་གི་གནམ་གཤིས་དང་ཁོར་ཡུག་འགྱུར་ལྡོག་ལ་ཞིབ་འཇུག་བྱ་རྒྱུར་ཕན་པ་ཆེན་པོ་ཡོད།

ཀྲུང་གོས་འཁྱགས་ཆུངAའཛིན་དགོས་དོན་ཅི་ཡིན་ཞེ་ན། མ་གཞིར་ལྷོ་སྣེ་རུ་རྩོད་དགོས་ངེས་ཀྱི་གནས་བཞི་ཡོད་པ་སྟེ། སྣེ་ཁུལ་དང་ཕྱུད་ཁུལ། དར་ཁུལ། སྐམ་སའི་དབུས་ཁུལ་གྱི་འཁྱགས་ཁེབས་ཆེས་མཐོ་བའི་གནས་བཅས་ཡིན། དེའི་ནང་ནས་དང་པོ་ནས་གསུམ་པ་ཨ་རི་དང་ཧྥ་རན་སི། ཨུ་རུ་སུ་བཅས་ཀྱིས་འཛིན་སྐྱོད་བྱས་ཡོད་དེ། དཔེར་ན། ཨ་རིས“སྣེ་ཁུལ”དུ་སི་ཁོ་ཐེ་ཚན་རིག་རྟོག་ཞིབ་ས་ཚིགས་བཙུགས་པ་དང་། ཧྥ་རན་སིས“ཇོ་ཁུལ”དུ་ཏི་ཝེར་ཚན་རིག་རྟོག་ཞིབ་ས་ཚིགས་བཙུགས། ཨུ་རུ་སུས“དར་ཁུལ”དུ་དྲོད་ཚད་ཀླད་ཀོར་འོག་གི་ཧྲེ་ཧྲི་ཚད89སྟེ་གོ་ལ་ཧྲིལ་པོའི་རང་བྱུང་དྲོད་ཚད་ཆེས་དམའ་བ་ཤེས་རྟོགས་བྱུང་བར་མ་ཟད། ཤར་ཕྱོགས་ས་ཚིགས་ཀྱང་བཙུགས་པ་རེད། ཀྲུང་གོས་ས་བབ་ཀྱི་མཐོ་ཚད་སྨི4000ལྷག་ཙམ་ཡོད་པའི་སྐམ་སའི་དབུས་ཁུལ་གྱི་འཁྱགས་ཁེབས་ཆེས་མཐོ་ས་ཁོ་ནར་ཚན་རིག་རྟོག་ཞིབ་ཀྱི་སྟོང་ཆ་བསྐངས་ཡོད།

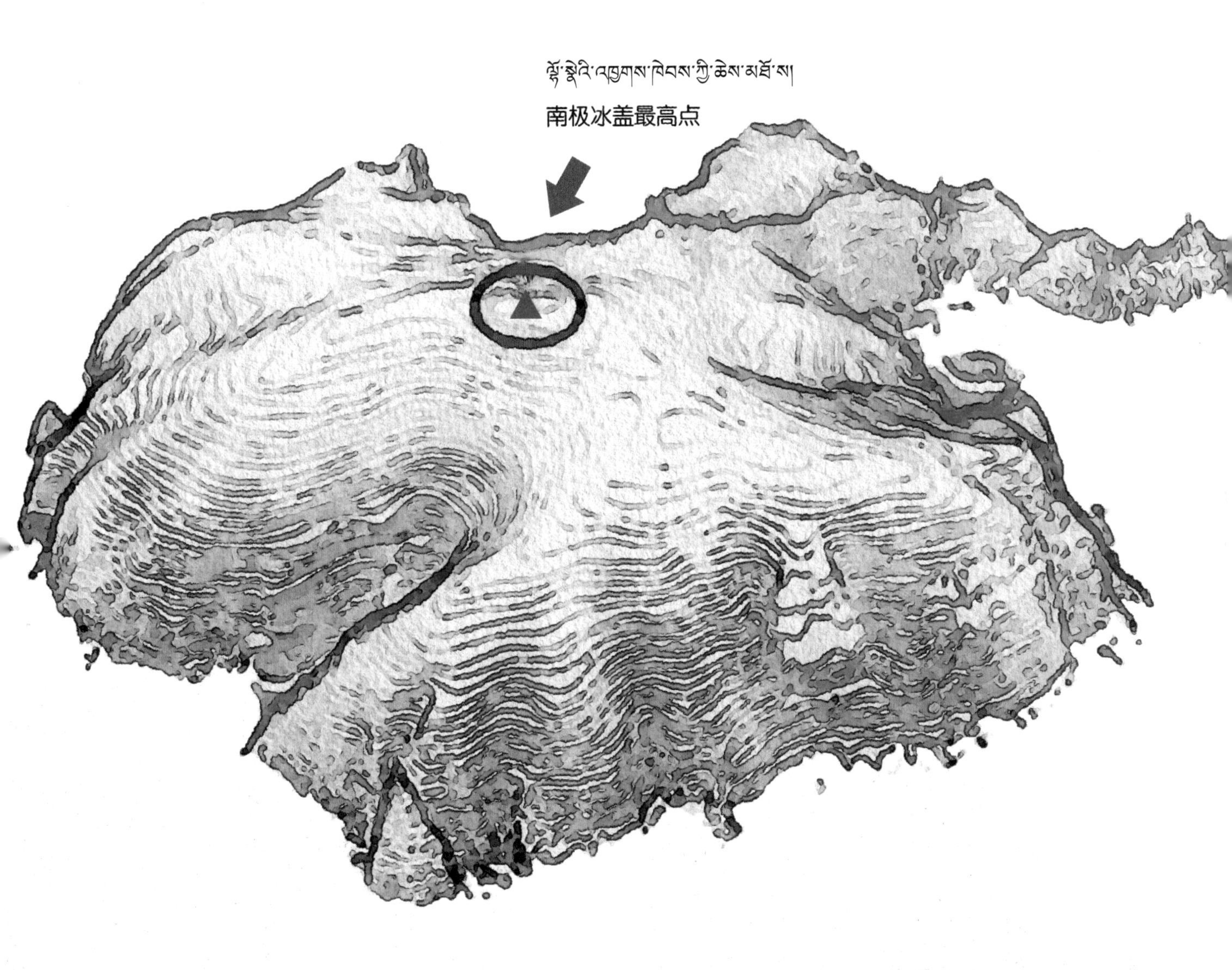
ལྷོ་སྣེའི་འཁྱགས་ཁེབས་ཀྱི་ཆེས་མཐོ་ས།
南极冰盖最高点

34 海域油气资源探测

མཚོ་ཁོངས་སྣུམ་རླངས་ཐོན་ཁུངས་འཚོལ་ཞིབ།

据“2004年中国科技十大进展”报道，中国油气资源战略调查获得重大突破。在我国管辖海域内，圈定了38个油气沉积盆地，新发现了一批重要的含油气局部构造，提交了第一批预选井位。特别是在南海深水海域首次发现了巨厚中生代地层，其沉积地层厚度超过万米，为进一步开展深水领域油气资源调查指明了勘探方向。经初步计算，中国海域油气资源的油当量超过400亿吨。

特别是首次发现了“可燃冰”，它将是21世纪新型高效替代能源。实际上，中国科学家首次在南海、东海等中国管辖海域都发现了可燃冰的蛛丝马迹，并圈定了分布范围，其前景令人鼓舞。

另外，固体矿产资源勘查长期徘徊的局面也被一举打破。比如，在新疆东天山、云南中甸、西藏雅鲁藏布江沿岸等地，新发现了一批大型铜矿床，新探明的铜资源量超过 1200 万吨。累积探明了一批可观的铅、锌、锡、金、银、铝土矿、优质锰矿、铁矿、钾盐和磷矿等资源。

“2004ལོའི་གྲུང་གོའི་ཚན་རྩལ་གོང་འཕེལ་ཆེན་པོ་བཅུ”སྤེལ་བའི་གནས་ཚུལ་ལྟར་ན། གྲུང་གོའི་རྡུལ་རླངས་ཐོན་ཁུངས་ཀྱི་འཐབ་རྟུས་བརྟག་དཔྱད་ལ་ཐོད་རྒལ་ཆེན་པོ་བྱུང་ཡོད། རང་རྒྱལ་མཐའ་ཁོངས་ཀྱི་མཚོ་ཁོངས་སུ་རྡུལ་རླངས་སྐྱིགས་བསགས་གཤོངས་ས38གཏན་ཁེལ་བྱས་པ་དང་། རྡུལ་རླངས་འདུས་པའི་ཆ་ཤས་གྲུབ་ཆ་གལ་ཆེན་ཁག་ཅིག་གསར་དུ་རྙེད་ཅིང་། ཁག་དང་པོའི་གྲ་སྒྲིག་འདེམས་བསྐོའི་ཁྲིན་པའི་གནས་ས་ཡར་སྤྲད། ལྷག་པར་དུ་ལྷོའི་རྒྱ་མཚོའི་གཏིང་ཟབ་མཚོ་ཁོངས་སུ་མཐུག་ཚད་ཆེ་བའི་བར་སྐྱེས་དུས་རབས་ཀྱི་ས་རིམ་ཐོག་མར་ཤེས་རྟོགས་བྱུང་། དེའི་སྐྱིགས་བསགས་ས་རིམ་གྱི་མཐུག་ཚད་སྤྱི་ཁྲི་ལས་བརྒལ་བས། གོམ་གང་མདུན་སྤོས་ཀྱིས་རྒྱ་གཏིང་ཁུལ་ཁོངས་ཀྱི་རྡུལ་རླངས་ཐོན་ཁུངས་ལ་བརྟག་དཔྱད་ཀྱི་ཁ་ཕྱོགས་གསལ་སྟོན་བྱས་ཡོད། ཐོག་མའི་རྩིས་ལེན་བརྒྱུད་དེ། གྲུང་གོའི་མཚོ་ཁོངས་སུ་རྡུལ་རླངས་ཐོན་ཁུངས་ཀྱི་ཚད་ལྡན་རྡུལ་ཚད་ཏུན་དུང་ཕྱུར400ལས་བརྒལ་ཡོད།

ལྷག་པར་དུ“འབར་རྡུང་འཁྱགས་དར”ཐོག་མར་ཤེས་རྟོགས་བྱུང་བས། འདི་ནི་དུས་རབས21པའི་ནུས་ཆེའི་ཚབ་བྱེད་ནུས་ཁུངས་གསར་པ་ཞིག་ཡིན། དོན་དངོས་སུ་གྲུང་གོའི་ཚན་རིག་པས་ལྷོའི་རྒྱ་མཚོ་དང་ཤར་གྱི་རྒྱ་མཚོ་སོགས་གྲུང་གོའི་མཐའ་ཁོངས་ཀྱི་མཚོ་ཁོངས་སུ་འབར་རྡུང་འཁྱགས་དར་གྱི་རྗེས་ཤུལ་ཁུངས་སྣེ་རྙེད་པའི་དུས་མཚུངས་སུ། དེའི་ཁྱབ་ཁོངས་གཏན་ཁེལ་བྱས་པས། དེའི་མདུན་ལྟོངས་ཀྱིས་མི་རྣམས་ལ་སྐྱུལ་མ་བྱེད་བཞིན་ཡོད།

གཞན་ཡང་སྲ་གཟུགས་གཏེར་ཁའི་ཐོན་ཁུངས་རྩད་ཞིབ་ཡུན་རིང་འཕེལ་མེད་ཀྱི་རྣམ་པའང་ཡོངས་སུ་གཏོར་བ་ཡོད་དེ། དཔེར་ན། ཞིན་ཅང་གི་ཐའི་ཧྲན་ཤར་མ་དང་། ཡུན་ནན་གྱི་རྒྱལ་ཐང་། བོད་ལྗོངས་ཀྱི་ཡར་ཀླུང་གཙང་པོའི་འགྲམ་ངོགས་སོགས་སུ་ཟངས་ཀྱི་གཏེར་ཁ་ཆེ་གྲས་ཁག་ཅིག་གསར་དུ་རྙེད་པ་དང་། གསར་དུ་རྩད་ཆོད་པའི་ཟངས་ཀྱི་ཐོན་ཁུངས་ཏུན་ཁྲི1200ལས་བརྒལ་ཡོད། ཞ་ཉེ་དང་ཏི་ཚ། གཤའ་དཀར། གསེར། དངུལ། ཏ་ཡང་བཅས་ཀྱི་གཏེར་ཁ། སྤུས་ལེགས་སྣན་གཏེར། ལྕགས་གཏེར། ཙྭ་ཚྭ། ལིན་གཏེར་སོགས་ཀྱི་ཐོན་ཁུངས་ཁག་ཅིག་རྩད་ཆོད་བྱུང་ཡོད།

35 四个翅膀的恐龙
གཤོག་བཞིའི་སྲིན་འབྲུག

据2003年1月23日《自然》杂志的封面文章报道，中国科学家在鸟类飞行起源方面取得了重大突破。即，通过研究恐龙化石材料，竟然发现了长着4个翅膀的鸟类恐龙祖先。这些带翅恐龙很可能已具有滑翔能力，这就为“鸟类飞行起源于树栖动物，且经历了一个滑翔阶段”的假说，提供了关键性证据。难怪，这一成果被认为是“有关鸟类起源研究的最为重要进展”。

尽管鸟类起源于恐龙的假说，早已得到大量化石证据和系统学研究的支持。但鸟类最早是如何开始飞行的呢？这个问题一直在学术界争论不休。由于恐龙是典型的地栖动物，所以大多数古生物学家都趋向于相信，鸟类的恐龙祖先是在地面奔跑过程中学会飞行的。毕竟，即使在现在，某些鸟类在飞行前也会要么奔跑，要么跳跃。

幸好，中国科学家发现了某些恐龙具有树栖动物的特征，因此就有理由推测：鸟类的恐龙祖先可能是在树栖生活中借助重力，逐步经过降落、滑翔等阶段，最终才掌握了强大的拍打式飞行能力。

2003ལོའི་ཟླ1པའི་ཚེས23ཉིན་གྱི《རང་བྱུང》དུས་དེབ་ཀྱི་མདུན་ཤོག་རྩོམ་ཡིག་ལྟར་ན། ཀྲུང་གོའི་ཚན་རིག་པས་བྱ་རིགས་འཕུར་སྐྱོད་ཀྱི་འབྱུང་ཁུངས་ཐད་ནས་ཐོད་རྒལ་ཆེན་པོ་བྱུང་ཡོད། དེ་ནི་སྲིན་འབྲུག་གི་འགྱུར་རྫོའི་རྒྱུ་ཆར་ཞིབ་འཇུག་བྱས་པ་བརྒྱུད་དེ། གཤོག་པ4ཡོད་པའི་བྱ་རིགས་སྲིན་འབྲུག་གི་མེས་པོ་རྙེད་སོང་། གཤོག་ལྡན་སྲིན་འབྲུག་དེ་དག་ལ་འཕུར་ལྡིང་གི་ནུས་པ་ལྡན་སྲིད་པ་དང་། དེས“བྱ་རིགས་འཕུར་སྐྱོད་ནི་ནགས་སྡོད་སྲོག་ཆགས་ནས་མགོ་བརྩམས་པར་མ་ཟད། འཕུར་ལྡིང་གི་དུས་རིམ་ཞིག་བརྒྱུད་ཡོད”ཅེས་པའི་བསམ་ཚོད་ལ་གནད་འགག་རང་བཞིན་གྱི་བདེན་དཔང་འདོན་སྤྲོད་བྱས་ཡོད། གྲུབ་འབྲས་འདི་ནི“བྱ་རིགས་འཕུར་སྐྱོད་ཀྱི་འབྱུང་ཁུངས་ཞིབ་འཇུག་དང་འབྲེལ་ཡོད་འཕེལ་རྒྱས་གལ་ཆེན”ཡིན་པར་བརྩི་བཞིན་ཡོད།

བྱ་རིགས་ཀྱི་འབྱུང་ཁུངས་ནི་སྲིན་འབྲུག་ཡིན་པའི་ཚོད་དཔག་ལ། སྔ་མོ་ནས་འགྱུར་རྫོའི་བདེན་དཔང་འབོར་ཆེན་དང་མ་ལག་རིག་པའི་ཞིབ་འཇུག་གི་རྒྱབ་སྐྱོར་ཐོབ་ཡོད་མོད། འོན་ཀྱང་བྱ་རིགས་ནི་ཆེས་ཐོག་མར་ཇི་ལྟར་འཕུར་མགོ་བརྩམས་པ་ཡིན་ནམ་ཞེས་པའི་གནད་དོན་ལ་ད་དུང་ཡང་རིག་གཞུང་ལས་རིགས་སུ་རྩོད་གླེང་འབྱུང་བཞིན་ཡོད། སྲིན་འབྲུག་ནི་དཔེ་མཚོན་ཅན་གྱི་ས་སྟེང་དུ་འཚོ་བའི་སྲོག་ཆགས་ཤིག་ཡིན་པས། གནའ་བོའི་སྐྱེ་དངོས་རིག་པ་བ་མང་ཆེ་བས་བྱ་རིགས་ཀྱི་མེས་པོ་སྲིན་འབྲུག་ནི་ས་ངོས་སུ་མཆོང་རྒྱུག་བྱེད་པའི་བརྒྱུད་རིམ་ཁྲོད་དུ་འཕུར་སྐྱོད་བྱེད་ཤེས་པར་ཡིད་སྟོན་བྱེད་བཞིན་ཡོད། གང་ལྟར་ད་ལྟའི་བྱ་རིགས་ཁ་ཤས་ཀྱང་འཕུར་སྐྱོད་མ་བྱས་གོང་རོལ་དུ། ཡང་ན་རྒྱུག་པའམ་ཡང་ན་མཆོང་ལྡིང་བྱེད་པ་བཞིན་ནོ། །

སྐབས་ལེགས་པ་ཞིག་ལ། ཀྲུང་གོའི་ཚན་རིག་པས་སྲིན་འབྲུག་ཁ་ཤས་ལ་ནགས་སྡོད་སྲོག་ཆགས་ཀྱི་ཁྱད་ཆོས་ལྡན་པ་ཤེས་རྟོགས་བྱུང་ཞིང་། དེ་བས་རིག་འདེད་བྱས་ཏེ། བྱ་རིགས་ཀྱི་མེས་པོ་སྲིན་འབྲུག་ནི་ནགས་སྡོད་ཀྱི་འཚོ་བའི་ཁྲོད་ལྡིད་ཤུགས་ལ་བརྟེན་ནས་རིམ་བཞིན་མར་ལྷུང་བ་དང་འཕུར་ལྡིང་སོགས་ཀྱི་དུས་རིམ་བརྒྱུད་རྗེས། ད་གཟོད་གཤོག་རྡེབ་རྣམ་པའི་འཕུར་སྐྱོད་ནུས་པ་ཆེན་པོ་ཁོང་དུ་ཆུད་པ་ཡིན་ནོ། །

36 古虫动物门

གནའ་བོའི་འབུ་སྲིན་སྲོག་ཆགས་ཀྱི་སྒོ།

据2001年11月22日的《自然》杂志报道，中国科学家在早期生命研究中又取得了突破性成果，在澄江化石库中发现了新的名为“古虫动物门”的后口动物，它们不属于现在已知的所有后口动物。

这不但动摇了现代生物学和分子生物学的相关结果，还为全面准确揭示寒武纪生命大爆发的属性和力度提供了可靠证据。难怪该成果被认为是自20世纪著名的布尔吉斯页岩化石库发现以来，关于寒武纪生命大爆发全貌的一次最重大突破。甚至认为，这一发现可能有助于破解脊椎动物起源这一长期困惑学术界的世界难题，并对5亿年前的动物“树”与今天的动物“树”研究均有重大价值。

什么是后口动物呢？原来，在胚胎发育中的原肠胚期，其原口会形成动物肛门，而在与原口相对的另一端若也形成了一个新口的动物，就称为后口动物。比如，脊椎动物、海星、海胆和海参等均为后口动物，它们是动物进化的主干。而本成果则在这个主干上又增加了一个新的重要“树枝”，古虫动物门。

2001ལོའི་ཟླ11པའི་ཚེས22ཉིན་གྱི《རང་བྱུང》དུས་དེབ་སྟེང་དུ་སྤེལ་བའི་གནས་ཚུལ་ལྟར་ན། ཀྲུང་གོའི་ཚན་རིག་པས་སྔ་རབས་ཀྱི་ཚེ་སྲོག་ཞིབ་འཇུག་ཁྲོད་དུ་ཡང་བསྐྱར་ཐོད་རྒལ་རང་བཞིན་གྱི་གྲུབ་འབྲས་བླངས་ཡོད་དེ། ཁྲིང་ཅང་འགྱུར་རྡོའི་མཛོད་ནང་ནས“གནའ་བོའི་འབུ་སྲིན་སྲོག་ཆགས་ཀྱི་སྒོ”ཞེས་འབོད་པའི་རྒྱབ་ཁའི་སྲོག་ཆགས་ཤིག་གསར་དུ་རྙེད་བྱུང་། དེ་དག་ནི་མིག་སྔར་ཤེས་རྟོགས་བྱུང་ཟིན་པའི་རྒྱབ་ཁའི་སྲོག་ཆགས་ཡོད་ཚད་ཀྱི་ཁོངས་སུ་མི་གཏོགས།

དེས་དེང་རབས་སྐྱེ་དངོས་རིག་པ་དང་ཆ་རྟུལ་སྐྱེ་དངོས་རིག་པའི་འཕྲེལ་ཡོད་མཇུག་འབྲས་ལ་གཡོ་འགུལ་ཐེབས་སུ་བཅུག་ཅིང་། ཕྱོགས་ཡོངས་དང་ཡང་དག་པའི་སྒོ་ནས་ཧན་ཝུའུ་དུས་རབས་ཀྱི་ཚེ་སྲོག་གློང་བརྡོལ་ཆེན་མོའི་རང་བཞིན་དང་ངོ་བོ་གསལ་སྟོན་ལ་ཇོན་ཏུང་བདེན་དཔང་འདོན་སྤྲོད་བྱས། གྲུབ་འབྲས་འདི་ནི་དུས་རབས20པར་སྐད་གྲགས་ཅན་གྱི་ཕྱུར་ཅི་སི་དབྱི་ཐྲག་ཇོའི་མཛོད་ཁུངས་ཤེས་རྟོགས་བྱུང་བ་ནས་བཟུང་། ཧན་ཝུའུ་དུས་རབས་ཀྱི་ཚེ་སྲོག་གློང་བརྡོལ་ཆེན་མོའི་ཕྱོགས་ཡོངས་ཀྱི་གལ་ཆེའི་ཐོད་རྒྱལ་ཐེངས་ཤིག་ཡིན། ཐ་ན་ཐེངས་འདིའི་ཤེས་རྟོགས་ཀྱིས་རིག་གཞུང་ལས་རིགས་ཀྱི་འཛམ་གླིང་རང་བཞིན་གྱི་དཀའ་གནད་དེ་སྐལ་ཚོགས་སྲོག་ཆགས་ཀྱི་མགོ་ཁུངས་ཀྱི་གསང་བ་བརྟོལ་བར་ཕན་པ་མ་ཟད། ལོ་ངོ་དུང་ཕྱུར5ཡི་གོང་གི་སྲོག་ཆགས་ཀྱི"སྟོང་པོ"དང་ད་ལྟའི་སྲོག་ཆགས་ཀྱི"སྟོང་པོ"ཞིབ་འཇུག་ལ་རིན་ཐང་གལ་ཆེན་ལྡན་ནོ། །

ཅི་ཞིག་ལ་རྒྱབ་ཁའི་སྲོག་ཆགས་ཟེར་རམ་ཞེ་ན། མ་གཞིར་ སྦྲུམ་རྟེན་སྐྱེ་འཚར་འབྱུང་བའི་ཐོག་མའི་རྒྱུ་མ་སྦྲུམ་དུས་སུ། དེའི་གཞི་མའི་ཁ་སྲོག་ཆགས་ཀྱི་བཤང་ལམ་དུ་འགྱུར་ཞིང་། གཞི་མའི་ཁ་དང་ལྟོས་བཅས་ཀྱི་སྔེ་གཞན་ཞིག་ཏུ་ཁ་གསར་བ་ཞིག་ཆགས་པའི་སྲོག་ཆགས་ལ་རྒྱབ་ཁའི་སྲོག་ཆགས་ཟེར་ཏེ། དཔེར་ན། སྐལ་ཚོགས་སྲོག་ཆགས་དང་མཚོ་སྐར། མཚོ་མཁྲིས། མཚོ་འབུ་རྟའི་རྫིན་སོགས་ནི་རྒྱབ་ཁའི་སྲོག་ཆགས་ཡིན་པ་དང་། འདི་དག་ནི་སྲོག་ཆགས་འཕེལ་འགྱུར་གྱི་གཙོ་རྐང་ཞིག་ཡིན། གྲུབ་འབྲས་འདིས་གཙོ་རྐང་སྟེང་དུ་སླར་ཡང"ཡལ་ག"གལ་ཆེན་གསར་བ་ཞིག་བསྣན་ཡོད་པ་སྟེ། དེ་ནི་གནའ་བོའི་འབུ་སྲིན་སྲོག་ཆགས་ཀྱི་སྒོ་ཞེས་པ་ཡིན་ནོ། །

37 人类基因组中国卷

མིའི་རིགས་ཀྱི་རྒྱུད་རྒྱུའི་ཚོགས་པའི་ཁྲོད་ཀྱི་ཀྲུང་གོའི་བམ་པོ།

2001年8月27日，号称“生命登月工程”的人类基因组计划，即测定人类的30亿个碱基对序列图的计划，在中国取得突破。中国科学家在不到两年的时间里，就奇迹般地完成了所承担的“中国卷”染色体区域测序任务，即完成了3号染色体的约三千万个碱基对的测序任务，从而使我国成为参与此项工作的中、美、英、法、德、日六国中，率先完成任务的国家。与草图相比，“中国卷”完成图的覆盖率从90%提高到了100%，准确率从99%提高到了99.99%。

“中国卷”的完成，标志着中国为破译人类基因组“天书”做出了独特贡献。实际上，中国科学家已识别出122个基因，其中有36个基因为首次发现。在另外的86个基因中，有55个基因的功能已搞清，8个基因直接关联于肾细胞癌、肌肉萎缩、贫血等疾病。此外，科学家们还在31个基因中，找到了75种不同的剪切方式。其中一个基因可产生8个以上的不同蛋白质结构，这是全球至今发现的剪切方式最多的基因。

2001ལོའི་ཟླ8པའི་ཚེས27ཉིན། “ཚེ་སྲོག་ཟླ་འཛེག་བཟོ་སྐྲུན”ཞེས་པའི་མིའི་རིགས་ཀྱི་རྒྱུད་རྒྱུའི་ཚོ་སྐོར་འཆར་གཞི་སྟེ། མིའི་རིགས་ཀྱི་བུལ་རྫང་དུང་ཕྱུར30ཡི་རིམ་སྒྲིག་དཔེ་རིས་ཚད་འཛལ་གཏན་ཁེལ་འཆར་གཞིར་ཀྲུང་གོས་ཐོད་རྒྱལ་བྱུང་ཡོད། ཀྲུང་གོའི་ཚན་རིག་པས་ལོ་གཉིས་ནང་དུ་ངོ་མཚར་ལྡན་པའི་སྒོ་ནས“ཀྲུང་གོའི་བམ་པོ”ཚོས་གཟུགས་ཁུལ་དུ་ཚད་འཛལ་ལས་འགན་ལེགས་གྲུབ་འབྱུང་དུ་བཅུག་སྟེ། ཚོས་གཟུགས་ཨང་རྟགས3པའི་བུལ་རྫང་ཁྲི་སུམ་སྟོང་རིམ་པའི་ཚད་ལེན་ལས་འགན་ལེགས་གྲུབ་བྱུང་བ་ཡིན། འདི་ལས་རང་རྒྱལ་ནི་ལས་གཞི་དེའི་ནང་ཞུགས་པའི་ཨ་རི་དང་དབྱིན་ཇི། ཧྥ་རན་སི། འཇར་མན། འཇར་པན་བཅས་རྒྱལ་ཁབ་དྲུག་ལས་ཐོག་མར་ལས་འགན་ལེགས་གྲུབ་བྱུང་བའི་རྒྱལ་ཁབ་ཏུ་གྱུར། རགས་བྲིས་དཔེ་རིས་དང་བསྡུར་ན། “ཀྲུང་གོའི་བམ་པོ”ལེགས་གྲུབ་བྱུང་བའི་པར་རིས་ཁྱབ་ཚད་ནི90%ནས100%བར་ཇེ་མཐོར་ཕྱིན་པ་དང་གནད་ལ་འཁེལ་ཚད99%ནས99.99%ཇེ་མཐོར་སོང་ཡོད།

“ཀྲུང་གོའི་བམ་པོ”ལེགས་གྲུབ་བྱུང་བས་ཀྲུང་གོའི་ཚན་རིག་པས་མིའི་རིགས་ཀྱི་རྒྱུད་རྒྱུའི་ཚོགས་པའི“གནམ་ཡིག”གི་གསང་རྒྱ་བཀྲོལ་བར་བྱས་རྗེས་ཐུན་མོང་མ་ཡིན་པ་ཞིག་བཞག་ཡོད། དོན་དངོས་སུ་ཀྲུང་གོའི་ཚན་རིག་པས་རྒྱུད་རྒྱུ122དབྱེ་འབྱེད་བྱས་ཤིང་། དེའི་ཁྲོད་དུ་རྒྱུད་རྒྱུ36ཐོག་མར་ཤེས་རྟོགས་བྱུང་བ་ཡིན། གཞན་པའི་རྒྱུད་རྒྱུ86ཁྲོད་དུ། རྒྱུད་རྒྱུ55ཡི་བྱེད་ནུས་གསལ་པོར་ཤེས་རྟོགས་བྱུང་ཞིང་། རྒྱུད་རྒྱུ8ནི་མཁལ་མའི་ཕྲ་ཕུང་གི་འབྲས་སྐྲན་དང་ཤ་གནད་འཁུམ་པ། ཟུངས་ཁྲག་ཉམས་པ་སོགས་ཀྱི་ནད་རིགས་དང་ཐད་ཀར་འབྲེལ་བ་ཡོད་པ་ཤེས། གཞན་ད་དུང་ཚན་རིག་པ་ཚོས་རྒྱུད་རྒྱུ31ཁྲོད་ནས་དྲས་གཏུབ་བྱེད་སྟངས་མི་འདྲ་བ75རྙེད་ཅིང་། འདིའི་ནང་གི་རྒྱུད་རྒྱུ་གཅིག་གིས་སྤྲི་དཀར་རྫས་མི་འདྲ་བའི་གྲུབ་ཆ8ཡན་ཐོན་ཐུབ་པས། འདི་ནི་འཛམ་གླིང་ཧྲིལ་པོར་ད་ལྟའི་བར་དུ་ཤེས་རྟོགས་བྱུང་བའི་དྲས་གཏུབ་བྱེད་སྟངས་མང་ཤོས་ཀྱི་རྒྱུད་རྒྱུ་ཞིག་ཡིན།

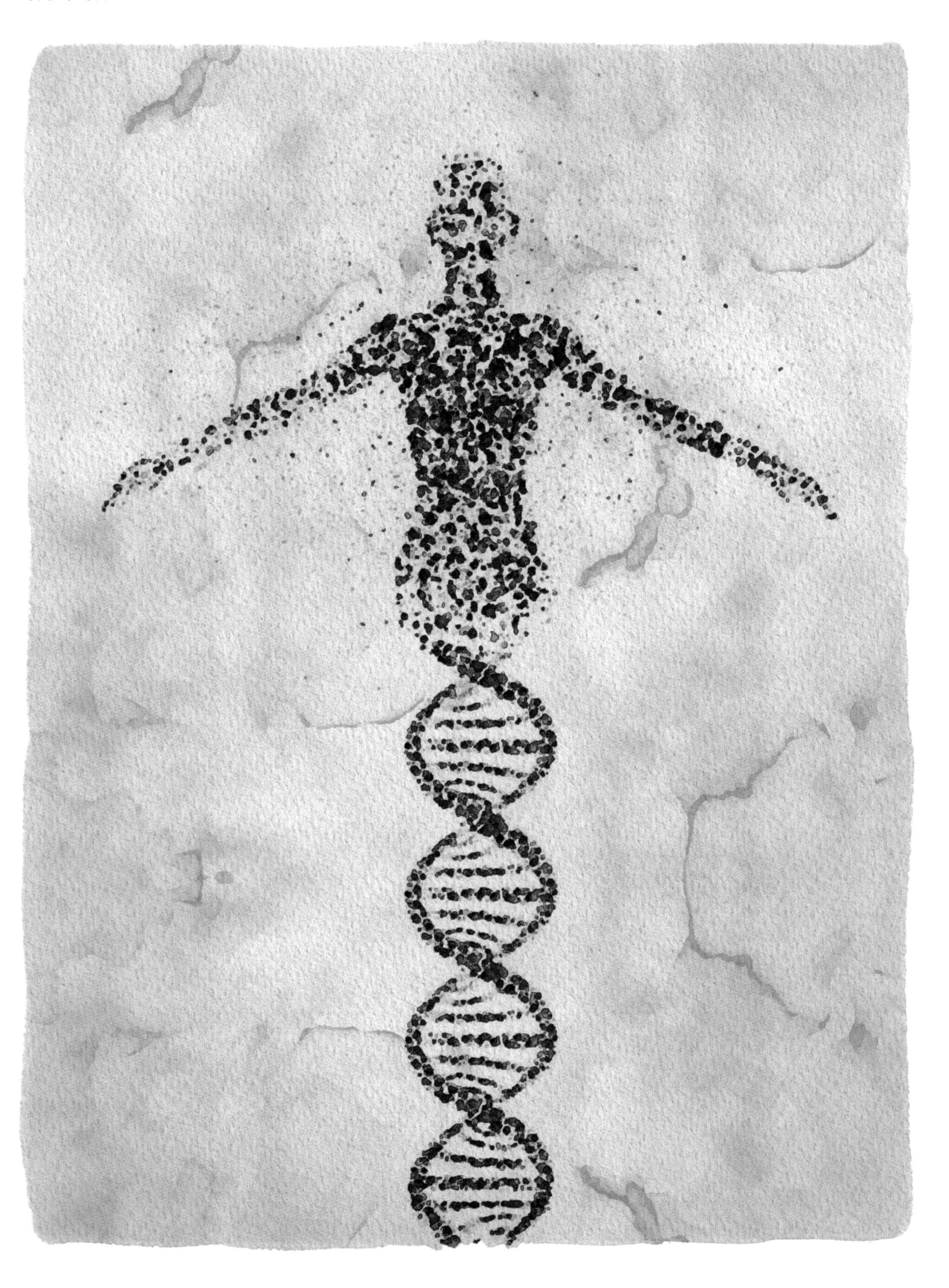

38 对虾病毒遗传密码破译

ཞ་སྐྱིའི་ནད་དུག་གི་རྒྱུད་འཛིན་གསང་བ་བརྡོལ་བ།

据2000年1月11日的《科技日报》报道，我国科学家成功测定了白斑杆状病毒基因组的全部序列，从而在世界上率先破译了虾病病毒的遗传密码。原来，该病毒是一个由约30万个碱基对组成的病毒，也是迄今已知的最大动物病毒，还是一个新病毒。

在过去若干年里，白斑杆状病毒多次大规模暴发，严重影响了全球对虾养殖业。该病毒繁殖力惊人，寄生能力极强，每次都会造成大面积感染，破坏力极强。若想彻底对付这种病毒，最根本的办法就是搞清它的基因结构，从最底层找到根治办法。

但由于该病毒极易被污染和降解，其DNA的分离纯化就成了悬而未解的难题，也是难以逾越的第一道关口。幸好，此前中国科学家已在世界上率先克服了这一关，已分离纯化了一批完整的病毒基因组DNA，并构建了基因组文库，更测定了1500多个病毒基因组克隆片段，约占基因组全长的90%。于是，在这些成果的基础上，再接再厉，终于将该病毒的基因组全部破译了。

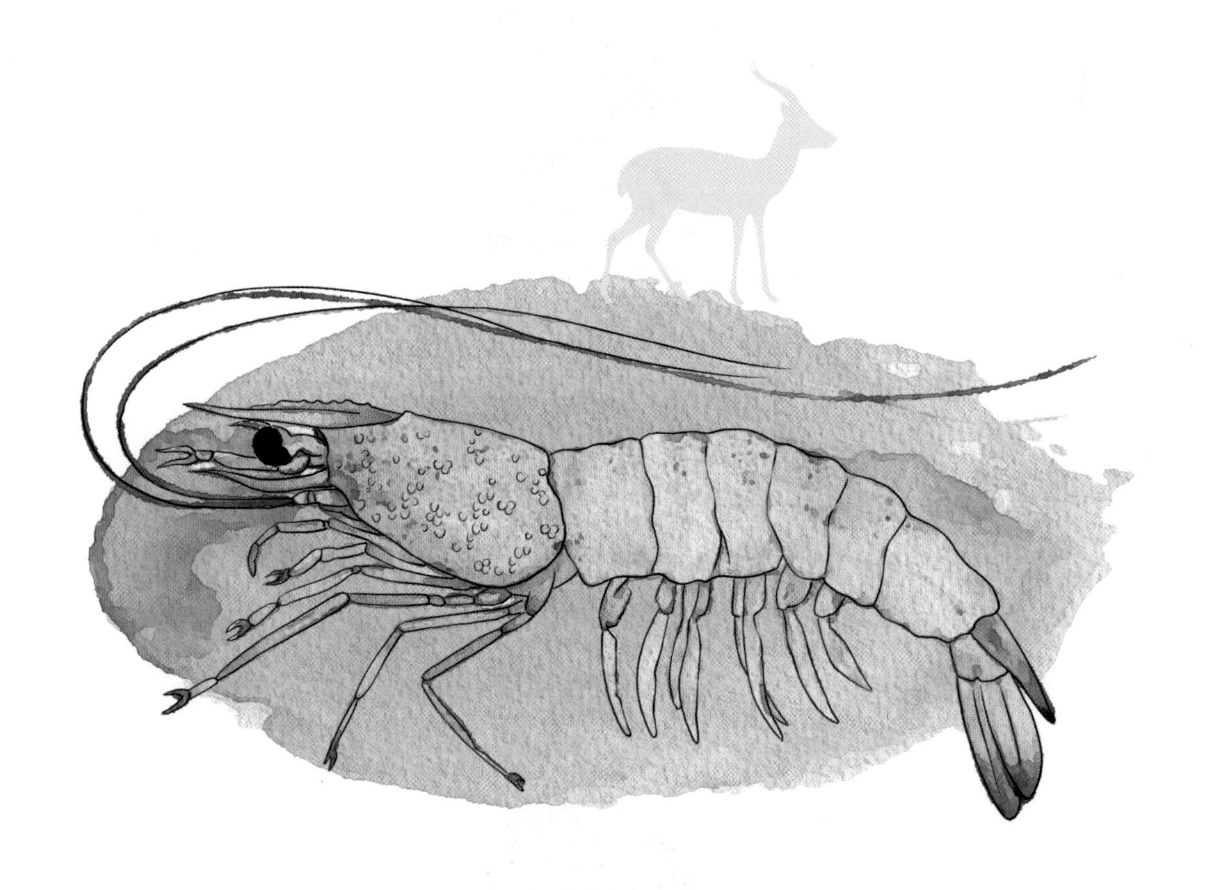

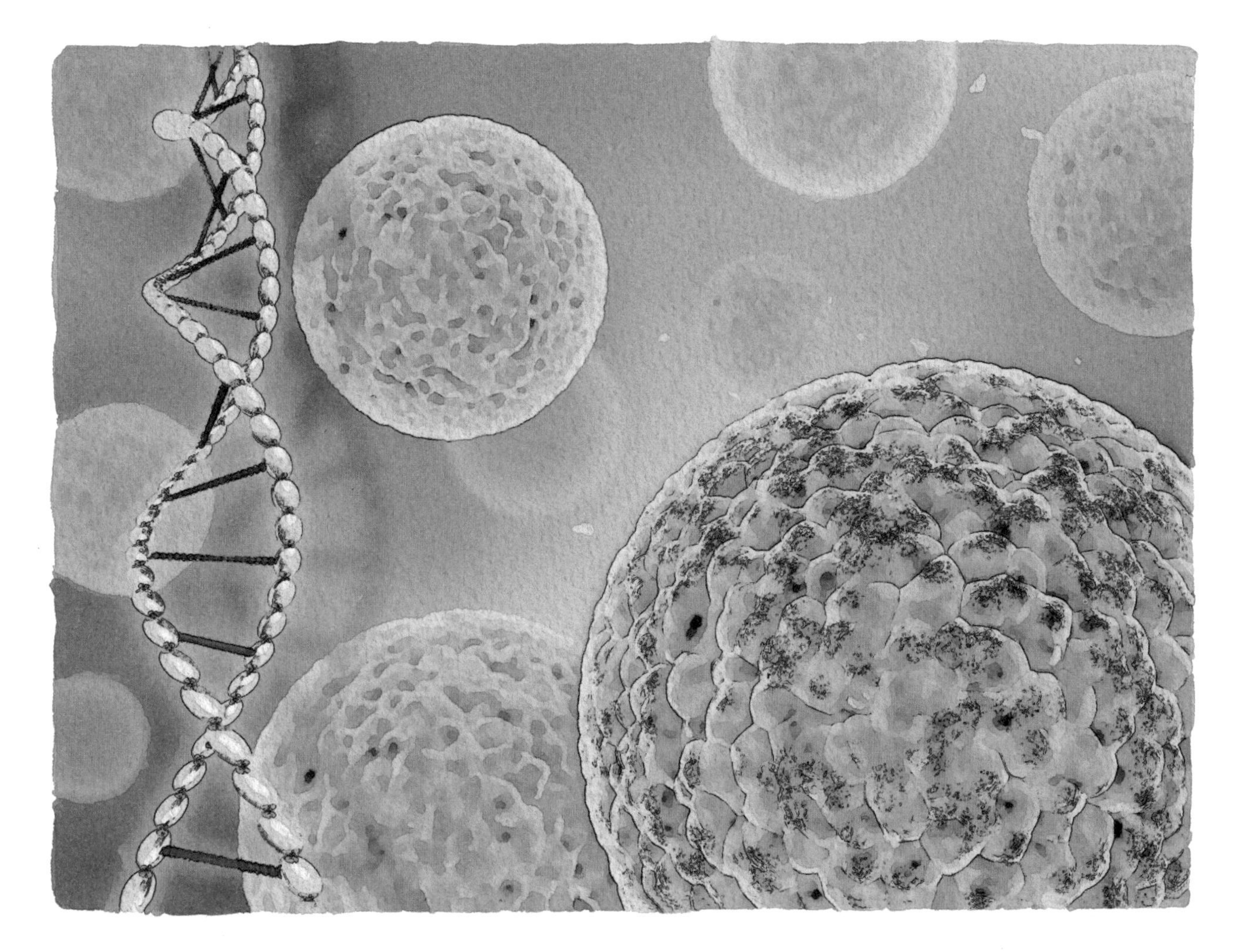

2000ལོའི་ཟླ་1པའི་ཚེས་11ཉིན་གྱི《ཚན་རྩལ་ཉིན་རེའི་ཚགས་པར》སྟེང་དུ་སྤེལ་བའི་གནས་ཚུལ་ལྟར་ན། རང་རྒྱལ་གྱི་ཚན་རིག་པས་ཐིག་དཀར་དབྱིབས་ཀྱི་ནད་དུག་གི་རྒྱུད་རྒྱུའི་ཚོགས་པའི་རིམ་སྟར་ཡོངས་རྫོགས་ལ་ཚོད་ལེན་བྱས་ཏེ། འཛམ་གླིང་སྟེང་དུ་ཐོག་མར་ཞ་སྐྲིའི་ནད་དུག་གི་རྒྱུད་འདེད་གསང་བ་བརྟོལ། མ་གཞིར་ནད་དུག་འདི་ནི་བྲུལ་རྨང་ཁྲི30ཙམ་གྱིས་གྲུབ་པའི་ནད་དུག་ཅིག་ཡིན་ལ། ད་ལྟའི་བར་དུ་ཤེས་ཟིན་པའི་སྲོག་ཆགས་ཀྱི་ནད་དུག་ཆེས་ཆེ་བ་ཡིན་པར་མ་ཟད། ནད་དུག་གསར་བ་ཞིག་ཀྱང་ཡིན།

འདས་ཟིན་པའི་ལོ་ངོ་དུ་མའི་རིང་དུ། ཐིག་དཀར་དབྱིབས་ཀྱི་ནད་དུག་ཐེངས་མང་པོར་གཞི་ཁྱོན་ཆེན་པོས་བྱུང་སྟེ། གོ་ལ་ཧྲིལ་པོའི་ཞ་སྐྲིའི་གསོ་སྐྱོང་ལས་རིགས་ལ་ཤུགས་རྐྱེན་ཆེན་པོ་ཐེབས་ཡོད། ནད་དུག་འདིའི་སྐྱེ་འཕེལ་ནུས་པ་ཧ་ལས་པ་ཡིན་ཞིང་། གཞན་བརྟེན་ནུས་པ་ཤིན་ཏུ་ཆེ་བས་ཐེངས་རེར་གཞི་ཁྱོན་ཆེན་པོའི་སྒོ་ནས་འགོས་ཁྲབ་བྱེད་ཅིང་གནོད་བརླག་རང་བཞིན་ཤིན་ཏུ་ཆེ། གལ་ཏེ་ནད་དུག་འདིའི་རིགས་ལ་ཐད་ཀྱིས་གདོང་གཏོད་ཐུབ་དགོས་ན། ཆེས་གཞི་རྩའི་ཐབས་ཤེས་ནི་འདིའི་རྒྱུད་རྒྱུའི་གྲུབ་ཚུལ་གསལ་པོར་ཤེས་རྒྱུ་དང་། ཆེས་དམའ་རིམ་ནས་བཅོས་ཐབས་རྙེད་རྒྱུ་དེ་ཡིན།

འོན་ཀྱང་ནད་དུག་འདི་ཉིད་འབབ་བཙོག་དང་འབེབས་འགྲོལ་སླ་བས་དེའིDNAདབྱེ་ཕྲལ་གཙང་བསྒྱུར་བྱེད་པ་ནི་སེལ་ཐབས་མེད་པའི་དཀའ་གནད་ཅིག་ཏུ་གྱུར་ཡོད་ལ། བརྒལ་དཀའ་བའི་འགག་སྒོ་ཞིག་ཀྱང་ཡིན། སྐབས་ལེགས་པ་ཞིག་ལ། ཉེ་སྔོན་ཀྲུང་གོའི་ཚན་རིག་པས་འཛམ་གླིང་སྟེང་དུ་ཐེངས་དང་པོར་འགག་སྒོ་འདི་ཉིད་བརྒལ་ཏེ། ནད་དུག་གི་གྲུབ་ཆ་ཚང་བའིDNAརྒྱུད་རྒྱུའི་ཚོགས་པ་ཞིག་དབྱེ་འབྱེད་གཙང་སྒྱུར་བྱས་པར་མ་ཟད། རྒྱུད་རྒྱུའི་ཚོགས་པའི་ཡིག་མཛོད་བཙུགས། དེ་ལས་ཀྱང་ནད་དུག་གི་རྒྱུད་རྒྱུའི་ཚོགས་པ1500ཡི་རྒྱུད་བཤུས་དུམ་བུ་ཚོད་ལེན་བྱས་ཤིང་། དེས་རྒྱུད་རྒྱུའི་ཚོགས་པའི་སྤྱིའི་རིང་ཚད་ཀྱི90%ཟིན། དེ་བས། གྲུབ་འབྲས་འདི་དག་གི་རྨང་གཞིའི་སྟེང་དུ་ཡང་འབད་བསྐྱར་འབད་བྱས་མཐར། ནད་དུག་འདིའི་རྒྱུད་རྒྱུའི་ཚོགས་པ་ཡོངས་རྫོགས་ཀྱི་གསང་བ་བརྟོལ་ཡོད་དོ། །

39 最古老的脊椎动物

ཆེས་གནའ་བའི་སྲོལ་ཚིགས་སྲོག་ཆགས།

据1999年11月5日的《自然》杂志报道，中国科学家发现了迄今全球已知最古老的脊椎动物化石，距今约5.3亿年的昆明鱼、海口鱼和海口虫化石。它们发现于昆明海口一带的寒武纪早期地层，其中海口鱼是死后才被掩埋的，身体后部不全。但昆明鱼却为活埋标本，保存极为完整，既有前腹部的鳃囊，也有原始偶鳍和围心腔。海口鱼的形态和器官构造都与昆明鱼相似，但咽腔中已出现软骨型鳃篮，背鳍中也已有鳍条，这表明它比昆明鱼更为高等。

该发现不仅揭示了寒武纪生命大爆发的全貌，还为生物学中关于脊椎动物及其重要器官的起源提供了可靠依据，甚至将改写脊椎动物的起源史。实际上，过去已知最古老的脊椎动物化石产生于4.8亿年前的奥陶纪。

该发现一经公布，就立即引起了全球轰动。专家们认为，这是迄今已知最进步、最高等的动物化石，它代表了过去150余年来关于寒武纪生命大爆发研究中最重大的关键性突破，是20世纪国际古生物界最重要的研究成果之一。

1999ལོའི་ཟླ11པའི་ཚེས5ཉིན་གྱི《རང་བྱུང》དུས་དེབ་སྟེང་དུ་སྤེལ་བའི་གནས་ཚུལ་ལྟར་ན། ཀྲུང་གོའི་ཚན་རིག་པས་ད་ལྟའི་བར་གྱི་འཛམ་གླིང་ཡོངས་སུ་ཆེས་གནའ་བའི་སྲོལ་ཚིགས་སྲོག་ཆགས་ཀྱི་འགྱུར་རྡོ་ཤེས་རྟོགས་བྱུང་། དེ་ནི་ལོ་ངོ་དུང་ཕྱུར5.3སྔོན་གྱི་ཁུན་མིང་ཉ་དང་། ཧའེ་ཁོའུ་ཉ། ཧའེ་ཁོའུ་འབུ་བཅས་ཀྱི་འགྱུར་རྡོ་བཅས་རེད། འདི་དག་ནི་ཁུན་མིང་ཧའེ་ཁོའུ་རྒྱུད་ཀྱི་ཧན་ཝུའུ་དུས་རབས་དུས་མགོའི་ས་རིམ་ཁྲོད་དུ་རྙེད་ཅིང་། འདིའི་ནང་དུ་ཧའེ་ཁོའུ་ཉ་ནི་ཤི་རྗེས་ད་གཟེད་ས་འོག་ཏུ་སྦས་པ་དང་། ལུས་པོའི་རྒྱབ་ཕྱོགས་ཆ་ཚང་མིན། འོན་ཀྱང་ཁུན་མིང་ཉ་ནི་གསོན་སྦས་བྱས་པའི་དམར་དཔེ་ཡིན་པ་དང་། ཉར་ཚགས་བྱས་པ་ཧ་ཅང་ཆ་ཚང་ཞིང་། མདུན་གྱི་གསུས་པའི་སྨུར་ཁྲིབས་ཡོད་པ་དང་གདོད་མའི་ཉ་གཤོག་དང་སྙིང་ཁོག་ཀྱང་ཡོད། ཧའེ་ཁོའུ་ཉའི་རྣམ་པ་དང་དབང་པོའི་གྲུབ་ཚུལ་ཚང་མ་ཁུན་མིང་ཉ་དང་འདྲ་མཚུངས་ཡིན་མོད། འོན་ཀྱང་མིད་པའི་ནང་དུ་མཉེན་རུས་ཅན་གྱི་ཉ་ཁྲིབས་གཞིབ་མ་ཡོད་པ་དང་། རྒྱབ་གཤོག་གི་ནང་དུའང་ཉ་གཤོག་ཡོད་པས། དེས་རང་ཉིད་ཁུན་མིང་ཉ་ལས་མཐོ་རིམ་ཡིན་པ་མཚོན་ཡོད།

ཐེངས་འདིའི་ཤེས་རྟོགས་ཀྱིས་ཧན་ཝུའུ་དུས་རབས་ཀྱི་ཚེ་སྲོག་གློང་བརྡོལ་ཆེན་མོའི་རྣམ་པ་ཡོངས་གསལ་སྟོན་བྱས་པར་མ་ཟད། ད་དུང་སྐྱེ་དངོས་རིག་པའི་ཁྲོད་ཀྱི་སྲོལ་ཚིགས་སྲོག་ཆགས་དང་དེའི་དབང་པོའི་འབྱུང་ཁུངས་སྐོར་ལ་རྟེན་ཏུང་གི་བདེན་དཔང་འདོན་སྤྲོད་བྱས་པ་དང་། ཐ་ན་སྲོལ་ཚིགས་སྲོག་ཆགས་ཀྱི་འབྱུང་ཁུངས་ལོ་རྒྱུས་ཀྱང་བསྐྱར་འབྲི་བྱ་སྲིད། དོན་དངོས་སུ་སྔོན་ཆད་ཤེས་ཟིན་པའི་ཆེས་གནའ་བའི་སྲོལ་ཚིགས་སྲོག་ཆགས་ཀྱི་འགྱུར་རྡོ་ནི་ལོ་ངོ་དུང་ཕྱུར4.8གོང་གི་ཨའོ་ཐའོ་དུས་རབས་སུ་བྱུང་བ་ཡིན།

ཐེངས་འདིའི་ཤེས་རྟོགས་ཁྱབ་བསྒྲགས་བྱས་མ་ཐག གོ་ལ་ཧྲིལ་པོར་ཡུག་འགྱུལ་བཟོས་སོང་། ཆེད་མཁས་རྣམས་ཀྱི་འདོད་ཚུལ་ལྟར་ན། འདི་ནི་ད་ལྟའི་བར་དུ་ཤེས་རྟོགས་བྱུང་བའི་ཡར་རྒྱས་ཆེ་ཤོས་དང་རིམ་པ་མཐོ་ཤོས་ཀྱི་སྲོག་ཆགས་འགྱུར་རྡོ་ཞིག་ཡིན་པ་དང་། དེས་འདས་ཟིན་པའི་ལོ་ངོ150ལྷག་རིང་གི་ཧན་ཝུའུ་དུས་རབས་ཀྱི་ཚེ་སྲོག་གློང་བརྡོལ་ཆེན་མོའི་ཞིབ་འཇུག་ཁྲོད་ཀྱི་འགག་རྩའི་རང་བཞིན་གྱི་ཐོད་རྒལ་གལ་ཆེན་མཚོན་པར་མ་ཟད། དུས་རབས20པའི་རྒྱལ་སྤྱིའི་གནའ་བོའི་སྐྱེ་དངོས་ལས་རིགས་ཁྲོད་ཀྱི་ཞིབ་འཇུག་གྲུབ་འབྲས་གལ་ཆེན་ཞིག་ཀྱང་ཡིན་ནོ། །

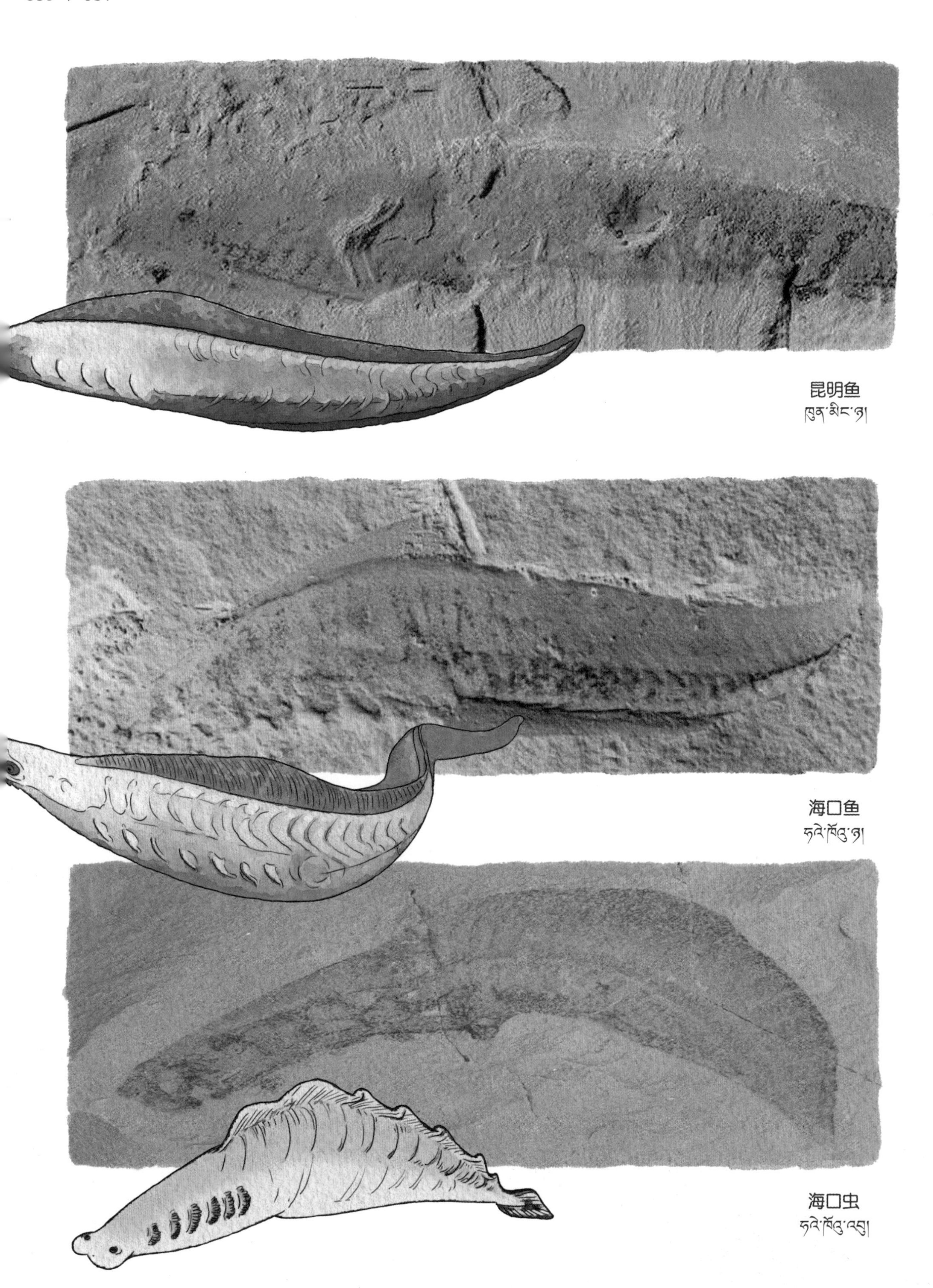
昆明鱼
ཁུན་མིང་ཉ།
海口鱼
ཧའེ་ཁོའུ་ཉ།
海口虫
ཧའེ་ཁོའུ་འབུ།

40 核技术处理工业废水

ཉིང་རྡུལ་ལག་རྩལ་གྱིས་བཟོ་ལས་བཙོག་ཆུ་གཙང་སེལ་བྱས།

2017年11月22日，我国自主开发的“电子束处理工业废水技术”通过了中国核能行业协会的技术鉴定。这标志着我国在工业废水处理方面跃上了新台阶，属于中国首创，世界领先，因为它克服了当前废水处理的世界性难题。

该技术的原理是什么呢？嘿嘿，其实很直观。即，利用高压电场加速的电子束去照射污水，使水中分解生成的强氧化物质与污染物、细菌等相互作用，从而达到氧化分解和消毒的效果。该技术推广后，将在印染、造纸、化工、制药及工业园区的废水处理中扮演重要角色，大幅提高我国工业废水的治理水平。若再与生物技术深度结合，将使废水处理的成本更低，净化程度更高，甚至实现废水的高标准排放或复用。

当然，该技术虽属核应用范畴，但它并不使用任何放射性元素，断电后更不会产生任何辐射。被处理后的废水也没有放射性，更不会对环境产生任何影响。另外，处理污水的电子加速器拥有特别的安全功能，能确保在任何状况下，都可及时而快速地断电。

2017ལོའི་ཟླ་11པའི་ཚེས་22ཉིན། རང་རྒྱལ་གྱིས་རང་བདག་གསར་སྤེལ་བྱས་པའི“གློག་རྡུལ་ཐིག་བཟོ་ལས་བཙོག་ཆུ་གཙང་སེལ་ལག་རྩལ”ཀྲུང་གོ་ཉིང་རྡུལ་ནུས་པའི་ལས་རིགས་མཐུན་ཚོགས་ཀྱིས་གསལ་འབྱེད་བྱས། དེས་རང་རྒྱལ་གྱིས་བཟོ་ལས་བཙོག་ཆུ་གཙང་སེལ་ཐད་ནས་སྐས་རིམ་གསར་པ་ཞིག་ཏུ་སྤོས་པ་མཚོན། ཀྲུང་གོས་ཐོག་མར་གསར་གཏོད་བྱས་པའི་ཁོངས་སུ་གཏོགས་པ་དང་འཛམ་གླིང་གི་སྔོན་ཐོན་ཚད་ལ་སླེབས། གང་ལགས་ཤེ་ན། དེས་མིག་སྔར་གྱི་བཙོག་ཆུ་གཙང་སེལ་བྱེད་པའི་འཛམ་གླིང་རང་བཞིན་གྱི་དཀའ་གནད་བསལ་ཡོད་པས་སོ། །

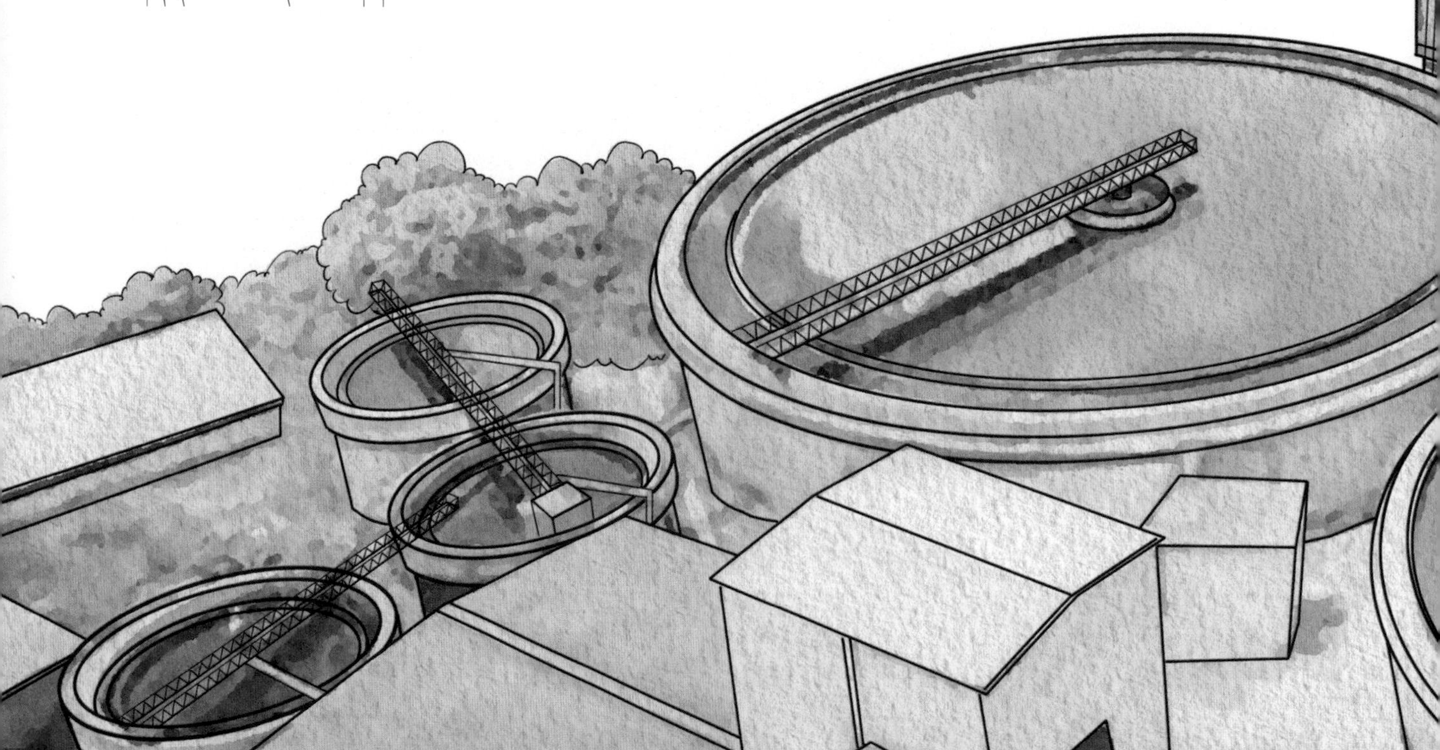

ལག་རྩལ་འདིའི་རྩ་བའི་རིགས་པ་ནི་ཅི་ཞིག་ཡིན་ནམ་ཞེ་ན། ཐད་ཀར་བཤད་ན་དེ་ནི་མཐོ་གནོན་གློག་རས་སྦྱར་སྐྲུལ་གྱི་གློག་རྫུལ་ཐིག་གིས་བཙོག་ཆུར་འཕྲོས་སུ་བཅུག་སྟེ། ཆུའི་ནང་གི་དབྱེ་ཐྲལ་ལས་བྱུང་བའི་དབྱང་འགྱུར་དངོས་པོ་དྲག་པོ་དང་བཟྲད་དངོས། འབུ་ཕྲ་སོགས་པན་ཚུན་བྱེད་ནུས་ཐོན་ཏེ། དབྱང་འགྱུར་དབྱེ་ཐྲལ་དང་དུག་སེལ་གྱི་ཕན་འབྲས་ཐོན་པ་ཡིན། ལག་རྩལ་འདི་ཁྱབ་གདལ་དུ་བཀོད་རྗེས་པར་འདེབས་ཆོས་རྒྱག་དང་ཉོག་བཟོ། རྫས་འགྱུར་བཟོ་ལས། སྨན་བཟོ། དེ་བཞིན་བཟོ་ལས་ཁུལ་གྱི་བཙོག་ཆུ་གཙང་སེལ་བྱེད་པའི་ཁྲོད་དུ་ནུས་པ་གལ་ཆེན་འདོན་ཐུབ་པས། རང་རྒྱལ་གྱི་བཟོ་ལས་བཙོག་ཆུ་བཅོས་སྒྲིག་ཆུ་ཚད་མཐོར་འདེགས་བྱུང་ཡོད། གལ་ཏེ་སྐྱི་དངོས་ལག་རྩལ་དང་ཟུང་འབྲེལ་དམ་པོར་བྱ་ཐུབ་ན། བཙོག་ཆུ་གཙང་སེལ་གྱི་མ་གནས་དེ་ལས་ཇེ་དམའ་རུ་འགྲོ་བ་དང་། གཙང་བཟོ་བྱེད་ཚད་དེ་བས་མཐོ་ཞིང་། ཐ་ན་བཙོག་ཆུ་ཕྱིར་འབུད་བྱེད་པའི་ཚད་གཞི་མཐོན་པོ་ཡང་ན་བསྐྱར་སྤྱོད་མངོན་འགྱུར་བྱེད་ཐུབ།

ལག་རྩལ་འདི་ནི་ཉིང་རྫུལ་བཀོལ་སྤྱོད་ཁྱབ་ཁོངས་སུ་གཏོགས་མེད། འོན་ཀྱང་འདིས་འཕྲོ་ནུས་ལྡན་པའི་རྒྱུད་རྒྱུ་གང་ཡང་བཀོལ་མི་སྲིད་ཅིང་། གློག་བཅད་རྗེས་འགྱེད་འཕྲོ་གང་ཡང་འབྱུང་མི་སྲིད། གཙང་སེལ་བྱས་རྗེས་ཀྱི་བཙོག་ཆུ་ལའང་འཕྲོ་ནུས་ལྡན་པའི་རང་བཞིན་མེད་པ་དང་། དེ་བས་ཀྱང་ཁོར་ཡུག་ལ་ཤུགས་རྐྱེན་གང་ཡང་ཐེབས་མི་སྲིད། གཞན་ཡང་བཙོག་ཆུ་གཙང་སེལ་བྱེད་པའི་གློག་རྫུལ་སྦྱར་གཏོང་འཕྲུལ་ཆས་ལ་ཁྱད་མཚར་གྱི་བདེ་འཇགས་བྱེད་ནུས་ལྡན་པས། གནས་ཚུལ་གང་ཙང་གི་འོག་ཏུའང་དུས་ཐོག་ཏུ་གློག་གཅོད་ཐུབ་པོ། །

41 青藏高原上空的臭氧低谷

མཚོ་བོད་མཐོ་སྒང་མཁའ་དབྱིངས་ཀྱི་དཀུ་དབྱང་གཞོང་ཁུག

据新华社1999年1月22日报道，通过多年的卫星资料和实地调查，中国科学家惊讶地发现，在夏季的青藏高原上空，存在着臭氧低谷！这是继1985年人类发现南极臭氧空洞以来的又一重大发现，也是人类在地球中低纬度上空首次观察到的大气臭氧损耗，已引起全球关注。

实际上，从1979年以来，我国大气臭氧总量就在以每年0.35%的速度递减。特别是在每年的6月到9月，在青藏高原上空都存在着大气臭氧总量的异常低值区，最低时的臭氧含量比周围地区要少10%。直到10月以后，低谷才逐渐消失，次年又再更严峻地重复此过程。

青藏高原臭氧低谷的形成，肯定与高原的热力和动力作用密切相关，至于是否也与人类活动有关，目前尚待进一步研究。毕竟，臭氧低谷的现象在全球许多地方也都不同程度地存在着，比如，美洲的落基山脉和安第斯山脉，欧洲的阿尔卑斯山等。但与青藏高原相比，其他地方的臭氧低谷现象并不太明显。

ཞིན་ཧྭ་གསར་འགྱུར་ཁང་གིས1999ལོའི་ཟླ1པའི་ཚེས22ཉིན་སྤེལ་བའི་གནས་ཚུལ་ལྟར་ན། ལོ་ངོ་མང་པོའི་སྲུང་སྐར་དཔྱད་གཞི་དང་ཡུལ་དངོས་བརྟག་དཔྱད་བྱས་པ་བརྒྱུད་དེ། ཀྲུང་གོའི་ཚན་རིག་པས་ངོ་མཚར་གྱི་གསར་རྙེད་ཅིག་ཐོབ། དེ་ནི་མཚོ་བོད་མཐོ་སྒང་གི་དབྱར་དུས་ཀྱི་མཁའ་དབྱིངས་སུ་དཀུ་དབྱང་གཞོང་ཁུག་ཡོད་པ་ཤེས་རྟོགས་བྱུང་བ་དེ་ཡིན། འདི་ནི1985ལོར་མིའི་རིགས་ཀྱིས་ལྷོ་སྣེའི་དཀུ་དབྱང་ཕུག་པ་ཤེས་རྟོགས་བྱུང་བའི་རྗེས་ཀྱི་གསར་རྙེད་གལ་ཆེན་ཞིག་ཡིན་ལ། མིའི་རིགས་ཀྱིས་སའི་གོ་ལའི་འཕྲེད་ཐིག་དམའ་ཁུལ་འབྲིང་ཁུལ་གྱི་བར་སྣང་དུ་ཐོག་མར་ལྟ་ཞིབ་བྱས་པའི་རླུང་ཁམས་ཆེན་པོའི་དཀུ་དབྱང་ཟད་གྲོན་བྱུང་བ་ཞིག་ཀྱང་ཡིན་པས། འཛམ་གླིང་ཡོངས་ཀྱིས་དོ་ཁུར་ཆེན་པོ་བྱེད་བཞིན་ཡོད།

དོན་དངོས་སུ1979ལོ་ནས་བཟུང་སྟེ། རང་རྒྱལ་གྱི་རླུང་ཁམས་ཆེན་པོའི་དཀུ་དབྱང་གི་བསྡོམས་འབོར་ལོ་རེར0.35%ཡི་མྱུར་ཚད་ལྟར་རིམ་བཞིན་ཇེ་ཆུང་དུ་འགྲོ་བཞིན་ཡོད། ལྷག་པར་དུ་ལོ་རེའི་ཟླ6པ་ནས་ཟླ9པའི་བར་དུ། མཚོ་བོད་མཐོ་སྒང་གི་བར་སྣང་ནས་རླུང་ཁམས་ཆེན་པོའི་དཀུ་དབྱང་གི་སྤྱི་འབོར་གྲངས་ཐང་རྒྱུན་ལྡན་ལས་དམའ་བའི་ཁུལ་ཆགས་ཤིང་། ཆེས་དམའ་བའི་སྐབས་སུ་དཀུ་དབྱང་གི་འདུས་ཚད་མཐའ་འཁོར་གྱི་ས་ཁུལ་ལས10%ཡིས་ཉུང་། ཟླ10པའི་རྗེས་སུ་ད་གཟོད་གཞོང་ཁུག་དེ་རིམ་གྱིས་མེད་པར་འགྱུར་བ་དང་། ཕྱི་ལོར་ཡང་བསྐྱར་གོ་རིམ་འདི་ཉིད་ཇེ་དྲག་དང་བསྐྱར་དུ་མངོན་པ་ཡིན།

མཚོ་བོད་མཐོ་སྒང་དུ་དཀུ་དབྱང་གཞོང་ཁུག་ཆགས་པ་ནི། མཐོ་སྒང་གི་ཚ་ནུས་དང་སྐུལ་ཤུགས་ཀྱི་ནུས་པ་དང་འབྲེལ་བ་དམ་པོ་ཡོད་ངེས་ཤིང་། མིའི་རིགས་ཀྱི་བྱེད་སྒོ་དང་འབྲེལ་བ་ཡོད་མེད་ནི་མིག་སྔར་གོམ་གང་མདུན་སྤོས་ཀྱིས་ཞིབ་འཇུག་བྱེད་དགོས་པ་ཞིག་ཡིན། གང་ལྟར་དཀུ་དབྱང་གཞོང་ཁུག་གྲུབ་པའི་སྣང་ཚུལ་ནི་འཛམ་གླིང་ཡོངས་ཀྱི་ས་ཆ་མང་པོར་ཚད་མི་འདྲ་བའི་སྒོ་ནས་གནས་ཡོད་དེ། དཔེར་ན། ཨ་གླིང་གི་ལོ་ཅི་རི་རྒྱུད་དང་ཨན་ཏི་སི་རི་རྒྱུད། ཡོ་རོབ་ཀྱི་ཨར་པེ་སི་རི་བོ་སོགས་ལྟ་བུ་ཡིན། འོན་ཀྱང་མཚོ་བོད་མཐོ་སྒང་དང་བསྡུར་ན་ས་ཆ་གཞན་གྱི་དཀུ་དབྱང་གཞོང་ཁུག་སྣང་ཚུལ་དེ་ཙམ་མངོན་གསལ་དོད་པོ་མིན་ནོ། །

42 北极科考

བྱང་སྣེའི་ཚན་རིག་རྟོག་ཞིབ།

1999年7月至9月间，中国首次对北极展开了大规模的综合科考活动，这也是中国科学考察船首航北冰洋，它使中国成为世界上少数几个能涉及地球两极进行考察的国家之一。

在71天的科考中，航程超过1.3万海里，内容涉及海洋、大气、地质、环境、海冰等十多个大学科，考察区域覆盖40万平方公里，圆满完成了各项预定任务。比如，获得了3万米高空的大气探测数据和水深达3950米的海洋综合数据，特别是还获得了3000米深海沉积物，以及大量冰芯、表层雪样、浮游生物、海水样品等，更有一根5.19米长的海洋沉积物岩芯。

经过对这些材料的初步分析，目前已获得了一些初步成果。比如，发现了北极地区上空蒙盖着一层具有屏障作用的逆温层，其厚度超过以往想象；首次确认了“气候北极”的范围，会在每年的7月至8月间，在北纬74度至76度之间摆动；发现了温室气体二氧化碳的主要吸收区；还发现北极地区的对流层偏高，这对研究我国气候变化颇有意义。

1999ལོའི་ཟླ7པ་ནས་ཟླ9པའི་བར་དུ། ཀྲུང་གོས་ཐེངས་དང་པོར་བྱང་སྣེའི་གཞི་ཁྱོན་ཆེ་བའི་ཕྱོགས་བསྡུས་ཚན་རིག་རྟོག་ཞིབ་ཀྱི་བྱེད་སྒོ་སྤེལ། དེ་ནི་ཀྲུང་གོའི་ཚན་རིག་རྟོག་ཞིབ་གྲུ་གཟིངས་ཐོག་མར་བྱང་འཁྱགས་རྒྱ་མཚོར་བསྐྱོད་པ་ཡིན་པས། ཀྲུང་གོ་ནི་འཛམ་གླིང་སྟེང་གི་སའི་གོ་ལའི་སྣེ་གཉིས་དང་འབྲེལ་ཡོད་རྟོག་ཞིབ་བྱེད་པའི་རྒྱལ་ཁབ་ཉུང་ཤས་གྲས་སུ་ཚུད་ཡོད།

ཉིན71རིང་གི་ཚན་རིག་རྟོག་ཞིབ་ཁྲོད་དུ། མཚོ་ལེ་ཁྲི1.3ལས་བརྒལ་བ་དང་། རྟོག་ཞིབ་ནང་དོན་ནི་རྒྱ་མཚོ་དང་རླུང་ཁམས་ཆེན་པོ། ས་གཤིས། ཁོར་ཡུག མཚོ་འཁྱགས་སོགས་རིག་ཚན་ཆེ་གྲས་བཅུ་ལྷག་ཙམ་དང་འབྲེལ་བ་ཡོད་ཅིང་། རྟོག་ཞིབ་ས་ཁོངས་ཀྱི་ལེ་ངོས་ཀྱི་ཁྲི40ལ་ཁྱབ་པས་སྔོན་མ་གཏན་ཁེལ་བྱས་པའི་ལས་འགན་ཡོངས་སུ་ལེགས་གྲུབ་བྱུང་སྟེ། དཔེར་ན། མཐོ་ཚད་ལ་སྨི་ཁྲི3ཡོད་པའི་རླུང་ཁམས་ཆེན་པོའི་འཚོལ་ཞིབ་གཞི་གྲངས་དང་ཆུའི་གཏིང་ཚད་སྨི3950ཟིན་པའི་རྒྱ་མཚོའི་ཕྱོགས་བསྡུས་གཞི་གྲངས་ཐོབ་པ་དང་། ལྷག་པར་དུ་སྨི3000ཟིན་པའི་མཚོ་གཏིང་གི་སྙིགས་བསགས་དངོས་པོ་དང་། དེ་བཞིན་འཁྱགས་སྙིང་དང་ཕྱི་ངོས་ཀྱི་གངས་དཔེ། མཚོའི་སྟེང་གི་གཡེང་བའི་སྐྱེ་དངོས། མཚོ་ཆུའི་དཔེ་མཚོན་ཐོན་རྫས་སོགས་མང་པོ་ཐོབ། གཞན་ད་དུང་རིང་ཚད་ལ་སྨི5.19ཡོད་པའི་རྒྱ་མཚོའི་སྙིགས་བསགས་དངོས་རྫས་ཀྱི་བྲག་སྙིང་ཁང་གཅིག་རྙེད།

དཔྱད་གཞི་འདི་དག་ལ་ཐོག་མའི་དབྱེ་ཞིབ་བྱས་པ་བརྒྱུད་དེ། མིག་སྔར་ཐོག་མའི་གྲུབ་འབྲས་འགའ་ཐོབ་ཡོད་དེ། དཔེར་ན། བྱང་སྣེའི་ས་ཁུལ་གྱི་བར་སྣང་དུ་སྲུང་ཡོལ་གྱི་ནུས་པ་ལྡན་པའི་དྲོད་ཚད་ལྡོག་རིམ་ཞིག་ཤེས་རྟོགས་བྱུང་། དེའི་མཐུག་ཚད་ནི་སྔོན་གྱི་ཚོད་བགམ་ལས་བརྒལ་ཡོད། “གནམ་གཤིས་བྱང་སྣེའི”ཁྱབ་ཁོངས་ཐོག་མར་གཏན་ཁེལ་བྱས་ཤིང་། དེ་ཉིད་ལོ་རེའི་ཟླ7པ་ནས8པའི་བར་དང་། འཕྲེད་ཐིག་བྱང་མའི་ཏུའུ74ནས76བར་གཡོ་འགུལ་བྱེད་བཞིན་ཡོད། དྲོད་ཁང་རླུང་གཟུགས་ཀྱི་དབྱང་གཉིས་ཐན་རྫས་སྣད་ལེན་ཁུལ་གཙོ་བོ་རྙེད་པ་དང་། ད་དུང་བྱང་སྣེའི་ས་ཁུལ་གྱི་གཏད་རྒྱུག་རིམ་པ་ཤིན་ཏུ་མཐོ་བ་ཤེས་རྟོགས་བྱུང་བས། རང་རྒྱལ་གྱི་གནམ་གཤིས་འགྱུར་ལྡོག་ལ་ཞིབ་འཇུག་བྱེད་པར་དོན་སྙིང་ཆེན་པོ་ལྡན་ནོ། །

雪龍
XUE LONG

43 大熊猫胚胎克隆

དོམ་ཁྲའི་སྦྲུམ་རྟེན་རྒྱུད་བསྐྱུས།

据“1999年中国十大科技进展”报道，中国科学家通过将大熊猫细胞植入去核后的兔子卵细胞，在世界上首次克隆出了一批大熊猫的早期胚胎。这意味着克隆大熊猫的第一个关键性问题已得到解决，下一步就是要解决第二个关键问题，即胚胎“着床”的问题。

为什么要用兔子的卵细胞来克隆大熊猫呢？原来，由于现存大熊猫种群太小，很难获得受体卵母细胞，因此进行同种克隆不现实，必须研究异种克隆技术。实际上，科学家是从一只刚死亡不久的雌性成年大熊猫身上提取了体细胞，并将它与兔子卵母细胞结合，后来再与猫卵母细胞结合，二者相融，才最终发育成胚胎。经基因分析表明，发育成的胚胎确实是大熊猫胚胎。然后，再将发育成的胚胎放到猫的子宫里。

为什么又要放入猫的子宫里呢？唉，仍是因为大熊猫太宝贵，根本不允许拿它做实验，只好让母猫代劳，可见这大熊猫克隆是多么困难的事呀。其实，后来大熊猫的胚胎在母猫子宫里也已顺利着床，但至今仍未能生出健康的大熊猫。

“1999ལོའི་ཀྲུང་གོའི་ཚན་རྩལ་གོང་འཕེལ་ཆེན་པོ་བཅུ”ཡི་གནས་ཚུལ་སྤེལ་བ་ལྟར་ན། ཀྲུང་གོའི་ཚན་རིག་པས་དོམ་ཁྲའི་ཕྲ་ཕུང་ནི་ཉིང་རྟུལ་མེད་པའི་རི་བོང་གི་ཁམས་དམར་ཕྲ་ཕུང་ནང་དུ་དྲངས་ཏེ། འཛམ་གླིང་སྟེང་དུ་རྒྱུད་བཤུས་ཀྱི་དོམ་ཁྲའི་སྔ་དུས་ཀྱི་སྦྲུམ་རྟེན་ཁག་ཅིག་ཐོག་མར་བྱུང་། དེས་རྒྱུད་བཤུས་དོམ་ཁྲའི་འགག་རྩའི་རང་བཞིན་གྱི་གནད་དོན་དང་པོ་ཐག་གཅོད་བྱེད་ཐུབ་པ་མཚོན་པ་དང་། དེའི་རྗེས་མར་འགག་རྩའི་གནད་དོན་གཉིས་པ་སྟེ་སྦྲུམ་རྟེན་གྱི“ཁམས་གསོའི”གནད་དོན་ཐག་གཅོད་བྱེད་རྒྱུ་རེད།

རི་བོང་གི་ཁམས་དམར་ཕྲ་ཕུང་གིས་དོམ་ཁྲར་རྒྱུད་བཤུས་བྱེད་དགོས་དོན་ཅི་ཡིན་ནམ་ཞེ་ན། མ་གཞིར་མིག་སྔར་དོམ་ཁྲའི་ཁྱུ་ཚོགས་ཏ་ཙང་ཞུང་བས། དེའི་ལུས་ཀྱི་ཁམས་དམར་ཕྲ་ཕུང་ཐོབ་དཀའ། དེ་བས་རིགས་རྒྱུད་གཅིག་པའི་རྒྱུད་བཤུས་མངོན་འགྱུར་འབྱུང་དཀའ་ཞིང་། ངེས་པར་དུ་རིགས་རྒྱུད་མི་གཅིག་པའི་རྒྱུད་བཤུས་ལག་རྩལ་ལ་ཞིབ་འཇུག་བྱ་དགོས་བྱུང་། དོན་དངོས་སུ་ཚན་རིག་པ་རྣམས་ཀྱིས་ཤ་ནས་ཅང་མ་འགོར་བའི་དོམ་ཁྲ་མོ་ཡི་ལུས་སྟེང་ནས་ཕྲ་ཕུང་བླངས་ཏེ་རི་བོང་གི་ཁམས་དམར་ཕྲ་ཕུང་དང་ཟླུང་འབྲེལ་བྱས་ཤིང་། དེའི་འཕྲོར་བྱི་ལའི་ཁམས་དམར་ཕྲ་ཕུང་དང་ཟླུང་འབྲེལ་བྱས་པ་དང་དེ་གཉིས་མཉམ་འདྲེས་བྱས་པས་མཐའ་མའི་སྦྲུམ་རྟེན་དུ་གྱུར་པ་ཡིན། རྒྱུད་རྒྱུ་དབྱེ་ཞིབ་བྱས་པ་ལས་མངོན་པ་ལྟར་ན། འཚར་སྐྱེ་བྱུང་བའི་སྦྲུམ་རྟེན་ནི་དངོས་གནས་དོམ་ཁྲའི་སྦྲུམ་རྟེན་ཡིན་པ་དང་། རྗེས་སོར་འཚར་སྐྱེ་བྱུང་བའི་སྦྲུམ་རྟེན་ནི་བྱི་ལའི་བུ་སྣོད་ནང་དུ་བཞག་པ་རེད།

ཅིའི་ཕྱིར་བྱི་ལའི་བུ་སྣོད་ནང་དུ་བཞག་པ་ཡིན་ནམ་ཞེ་ན། དེ་ནི་དོམ་ཁྲ་ཏ་ཙང་རྩ་ཆེན་ཡིན་པས། དེར་ཚོད་ལྟ་གཏན་ནས་བྱས་མི་ཆོག་པ་དང་། བྱི་ལ་དེའི་ཚབ་བྱེད་དུ་མི་འཛོག་ཐབས་མེད་བྱུང་། འདི་ལས་དོམ་ཁྲ་རྒྱུད་བཤུས་བྱ་རྒྱུ་ནི་ཅི་འདྲའི་དཀའ་མོ་ཞིག་ཡིན་པ་ཤེས་ཐུབ། དོན་དངོས་སུ་ཕྱིས་ཀྱི་དོམ་ཁྲའི་སྦྲུམ་རྟེན་བྱི་ལའི་བུ་སྣོད་ནང་དུ་བདེ་བླག་གིས་ཁམས་གསོ་བྱ་ཐུབ་སོང་། འོན་ཀྱང་ད་ལྟའི་བར་དུ་ད་དུང་བདེ་ཐང་གི་དོམ་ཁྲ་སྐྱེ་ཐུབ་མེད།

44 徒步穿越雅鲁藏布大峡谷

ཀང་ཐང་དུ་ཡར་ཀླུང་གཙང་པོའི་གྲོག་རོང་ཆེན་པོ་བགྲལ་བ།

据“1998年中国十大科技进展”报道，中国科考队成功地徒步穿越了雅鲁藏布大峡谷，这是人类首次全方位考察这条世界第一大峡谷，涵盖了地理、大气、水文、植物、动物、冰川等方面。此前人类虽已对该峡谷进行了至少八次综合考察，但终因太险，一直未能完成徒步穿越之壮举，更未能深入到核心无人区。

科考队员这次冒着生命危险，借助先进的勘察器具终于如愿以偿。原来，这里确实险峻无比。比如，峡谷一处仅仅20余公里河段内，不但有多处急转弯，河床还特别陡峻，平均坡度高达23‰，洪枯水位高差达到21米，实测峡谷嵌入基岩的河槽最狭处仅35米。这才是名副其实的“飞流直下三千尺，疑是银河落九天”。

这次考察，成果颇丰。比如，采集了2000多个昆虫和植物标本、地质岩石标本以及各河段水样标本，还在核心区发现了珍稀原始红豆杉林，更重要的是首次证实了大峡谷瀑布群的存在。在峡谷主河床上出现的瀑布，都是由一个主瀑布以及上下游伴随的众多小瀑布组成。

“1998ལོའི་ཀྲུང་གོའི་ཚན་རྩལ་གོང་འཕེལ་ཆེན་པོ་བཅུ”ཡི་གནས་ཚུལ་སྤེལ་བ་ལྟར་ན། ཀྲུང་གོའི་ཚན་རིག་རྟོག་ཞིབ་རྭ་ཁག་ཀྱང་ཐང་དུ་ཡར་གླུང་གཙང་པོའི་གྲོག་རོང་ཆེན་པོ་བརྒྱལ་བ་ལེགས་གྲུབ་བྱུང་། དེ་ནི་མིའི་རིགས་ཀྱིས་ཐོག་མར་འཛམ་གླིང་སྟེང་གི་གྲོག་རོང་ཆེས་ཆེ་བ་ཕྱོགས་ཡོངས་ནས་རྟོག་ཞིབ་བྱས་པ་ཡིན། དེའི་ནང་དུ་ས་ཁམས་དང་རླུང་ཁམས་ཆེན་པོ། ཆུ་དཔྱད། རྩི་ཤིང་། སྲོག་ཆགས། འབྲུགས་རོམ་སོགས་ཚུད་ཡོད། སྔོན་ཆད་མིའི་རིགས་ཀྱིས་གྲོག་རོང་འདིར་ཞུང་མཐར་ཡང་ཕྱོགས་བསྡུས་རྟོག་ཞིབ་ཐེངས་བརྒྱད་བྱས་ཡོད་མོད། འོན་ཀྱང་མཐུག་མཐར་ཉེན་ཁ་ཆེ་བའི་རྐྱེན་གྱིས་ཀྱང་ཐང་དུ་བསྐྱོད་པ་ལེགས་གྲུབ་བྱུང་མེད། ལྟེ་གནས་མི་མེད་ཁུལ་དུ་དེ་བས་ཀྱང་བསྐྱོད་ཐུབ་མེད།

ཐེངས་འདིར་ཚན་རིག་རྟོག་ཞིབ་པས་ཚེ་སྲོག་གི་ཉེན་ཁར་མ་འཛེམ་པར། སྔོན་ཐོན་གྱི་བརྟག་དཔྱད་ཡོ་བྱད་ལ་བརྟེན་ནས་བསམ་འདུན་ལྟར་མངོན་འགྱུར་བྱུང་ཡོད། ས་གཞིར་འདི་ནི་དངོས་གནས་ཉེན་ཁ་ཆེ་བ་ཞིག་ཡིན་ཏེ། དཔེར་ན། གྲོག་རོང་གཅིག་གི་སྤྱི་ལེ20ལྷག་ཙམ་མཚམས་ཀྱི་ནང་དུ་དཀྱོགས་མཚམས་མང་པོ་ཡོད་པར་མ་ཟད། ཆུ་ལམ་ད་དུང་ཧ་ཅང་མཐོ་གཟར་ཆེ་ཞིང་། ཆ་སྙོམས་གཟར་ཚད་ཀྱི་མཐོ་ཚད23%ཟིན། ཆུ་ལོག་གི་ཆུ་གནས་ཀྱི་མཐོ་ཚད་ཁྱད་པར་སྨི21ཟིན། དངོས་སུ་གྲོག་རོང་ཚད་ལེན་བྱེད་དུས་ཀྱི་ཆུང་རྡོའི་ཆུ་ཤུར་ཆེས་དོག་ཤོས་སུ་སྨི35ལས་མེད་པས། འདི་ནི་མིང་དོན་མཚུངས་པའི“དྲག་འབབ་ཆུ་རྒྱུན་འདོམ་པ་ཁྲི་ཟིན་པས། །དགུ་ཚིགས་མི་ཡི་ཡུལ་དུ་ལྷུང་ངམ་སྙམ”དང་གཅིག་མཚུངས་ཡིན།

ཐེངས་འདིའི་རྟོག་ཞིབ་ལ་གྲུབ་འབྲས་གཡུར་དུ་ཟ་བ་བླངས་ཏེ། དཔེར་ན། འབུ་སྲིན་དང་རྩི་ཤིང་གི་དམར་དཔེ། ས་གཤིས་བྲག་རྡོའི་དམར་དཔེ2000ལྷག་དང་དེ་བཞིན་གཙང་པོའི་ཆུ་ལག་ཁག་གི་ཆུའི་མ་དཔེ་འཚོལ་སྡུད་བྱས་པར་མ་ཟད། ད་དུང་དཀྱིལ་སྙིང་ཁུལ་དུ་རྩ་ཆེའི་གདོད་མའི་སྨན་དམར་ཐང་ཤིང་གི་ནགས་ཚལ་རྙེད་པ་དང་། དེ་ལས་ཀྱང་གལ་ཆེ་བ་ནི་ཐེངས་དང་པོར་གྲོག་རོང་ཆེན་པོར་རྦབ་ཆུའི་ཚོམ་བུ་ཡོད་པ་ར་སྤྲོད་བྱས། གྲོག་རོང་གི་ཆུ་ལམ་གཙོ་བོའི་སྟེང་དུ་བྱུང་བའི་རྦབ་ཆུ་ཚང་མ་རྦབ་ཆུ་གཙོ་བོ་ཞིག་དང་། གཙང་པོའི་སྟོད་སྨད་རྒྱུད་ཀྱི་རྦབ་ཆུ་ཆུང་བ་མང་པོ་ལས་གྲུབ་པ་ཡིན་ནོ། །

45 青藏高原冰芯样品
མཚོ་བོད་མཐོ་སྒང་གི་འཁྱགས་སྙིང་མ་དཔེ།

1997年10月，中外科学家联合在青藏高原海拔7000米处成功钻取了长480米、重5吨的冰芯样品。这标志着我国青藏高原的冰芯研究跃上了世界之最的新台阶，难怪它被评为“1998年中国十大科学进展”之一。

本成果为什么很重要呢？原来，冰川是自然界在特殊环境下的特殊产物，也是环境变化最可靠、最真实的天然历史档案。人们已通过南北极冰芯的研究，阐明了南极过去40万年和北极15万年以来气候变化的特征。但在试图解释全球气候变化机制时却遇到了挑战，因为没有中纬度地区的冰芯研究作桥梁，无法将两极的冰芯研究很好地在全球尺度上联系起来。而青藏高原刚好是中纬度冰芯研究最理想的地区，且青藏高原和亚洲季风又是整个北半球气候环境变化中的两大关键因子，而亚洲季风演变的大量信息都储存于青藏高原的冰芯中，为全球冰芯研究起到了枢纽作用，同时通过对青藏高原冰芯的研究还可以解释青藏高原隆升与亚洲季风相互作用的历史和亚洲季风的变迁史。

1997ལོའི་ཟླ10པར། ཀྲུང་ཕྱིའི་ཚན་རིག་པས་མཉམ་སྦྲེལ་སྒོས་མཚོ་བོད་མཐོ་སྒང་གི་ས་བབ་མཐོ་ཚད་སྨི7000སར་རིང་ཚད་སྨི480དང་ལྗིད་ཚད་ཏུན5ཡོད་པའི་འཁྱགས་སྙིང་གི་དངོས་དཔེ་བླངས། དེས་རང་རྒྱལ་གྱི་མཚོ་བོད་མཐོ་སྒང་གི་འཁྱགས་སྙིང་ཞིབ་འཇུག་ནི་འཛམ་གླིང་སྟེང་གི་སྐས་རིམ་གསར་པ་ཞིག་ཏུ་སླེབས་པ་མཚོན་ཡོད་པས། “1998ལོའི་ཀྲུང་གོའི་ཚན་རིག་གོང་འཕེལ་ཆེན་པོ་བཅུ”ཡི་གྲས་སུ་བདམས་པའང་དེའི་རྐྱེན་གྱིས་ཡིན།

གྲུབ་འབྲས་འདི་ཅིའི་ཕྱིར་ཏུ་ཙང་གལ་ཆེན་ཡིན་ནམ་ཞེ་ན། ས་གཞིར་འཁྱགས་རླུང་ནི་རང་བྱུང་ཁམས་ཀྱི་དམིགས་བསལ་གྱི་ཁོར་ཡུག་ལས་བྱུང་བའི་དམིགས་བསལ་གྱི་ཐོན་དངོས་ཤིག་ཡིན་ལ། ཁོར་ཡུག་འགྱུར་ལྡོག་གི་ཆེས་རྟོན་ཏུང་དང་ཆེས་དངོས་ཡོད་ཀྱི་རང་བྱུང་ལོ་རྒྱུས་ཡིག་ཚགས་ཤིག་ཀྱང་ཡིན། མི་རྣམས་ཀྱིས་ལྷོ་བྱང་གི་འཁྱགས་སྙིང་ལ་ཞིབ་འཇུག་བྱས་པ་བརྒྱུད་དེ། ལྷོ་སྣེའི་འདས་ཟིན་པའི་ལོ་ཁྲི40དང་བྱང་སྣེའི་ལོ་ཁྲི15རིང་གི་གནམ་གཤིས་འགྱུར་ལྡོག་གི་ཁྱད་ཆོས་གསལ་བཤད་བྱས་ཡོད། འོན་ཀྱང་གོ་ལ་ཧྲིལ་པོའི་གནམ་གཤིས་འགྱུར་ལྡོག་ལམ་སྲོལ་ལ་འགྲེལ་བཤད་རྒྱག་སྐབས་དཀའ་ཁག་ལ་འཕྲད་ཡོད་དེ། རྒྱུ་མཚན་ནི་འཕྲེད་ཐིག་བར་མའི་ས་ཁུལ་གྱི་འཁྱགས་སྙིང་ཞིབ་འཇུག་གི་སྦྲེལ་ཐག་མེད་པ་དང་། སྣེ་གཉིས་ཀྱི་འཁྱགས་སྙིང་ཞིབ་འཇུག་ནི་གོ་ལ་ཧྲིལ་པོའི་ཚད་གཞིའི་སྟེང་དུ་འབྲེལ་ཐག་ལེགས་པོར་ཡོང་ཐབས་བྲལ་བས་ཡིན། མཚོ་བོད་མཐོ་སྒང་ནི་འཕྲེད་ཐིག་བར་མའི་འཁྱགས་སྙིང་ཞིབ་འཇུག་བྱེད་ཡུལ་ཆེས་

ལེགས་པའི་ས་ཁུལ་ཞིག་ཡིན་པར་མ་ཟད། མཚོ་བོད་མཐོ་སྒང་དང་ཡ་གླིང་དུས་རླུང་ནི་སའི་གོ་ལའི་བྱེད་བྱང་རྩིལ་པོའི་གནམ་གཤིས་ཁོར་ཡུག་འགྱུར་ལྡོག་ཁྲོད་ཀྱི་འགག་རྩའི་རྒྱུ་རྐྱེན་ཆེན་པོ་གཉིས་ཡིན་པ་དང་། ཡ་གླིང་དུས་རླུང་འགྱུར་ལྡོག་གི་ཆ་འཕྲིན་འདོར་ཆེན་མཚོ་བོད་མཐོ་སྒང་གི་འཁྱགས་སྙིང་ནང་དུ་ཉར་ཚགས་བྱས་ཡོད་པས་གོ་ལ་རྩིལ་པོའི་འཁྱགས་སྙིང་ཞིབ་འཇུག་ལ་འགག་རྩའི་རང་བཞིན་གྱི་ནུས་པ་ཐོན་ཡོད། དུས་མཚུངས་སུ་མཚོ་བོད་མཐོ་སྒང་གི་འཁྱགས་སྙིང་ཞིབ་འཇུག་གིས་ད་དུང་མཚོ་བོད་མཐོ་སྒང་ཡར་འཕགས་པ་དང་ཡ་གླིང་དུས་རླུང་ཕན་ཚུན་ཤུགས་རྐྱེན་ཐེབས་པའི་ལོ་རྒྱུས་དང་ཡ་གླིང་དུས་རླུང་གི་འགྱུར་ལྡོག་ལ་འགྲེལ་བཤད་བརྒྱབ་ཚོག་གོ །

结　语

མཇུག་གི་གཏམ།

掩卷沉思，在一个个令世人瞩目的科技成果背后，是一代又一代科技工作者艰苦付出搭建的厚重基石，他们在攀登科技高峰的艰难旅程中，攻克多项世界级难题，为世界科技进步和人类文明的发展贡献出大国力量，实现了我国科技水平从“跟跑”到“并跑”到部分技术领域“领跑”的突破和跨越，擦亮了令国人骄傲、让世界惊艳的中国载人航天、中国基建、中国高铁、中国北斗、中国电商、中国新能源汽车、中国超算等“国家名片”，彰显出中国精度、中国速度、中国高度。但是，当前新一轮科技革命和产业变革突飞猛进，学科交叉融合不断发展，科学技术和经济社会发展加速渗透融合，在建设世界科技强国的新征程上，如果没有更为强劲的科技后进力量，没有薪火相传、新老交替的脉搏跳动，未来发展的道路便会困难重重。

少年兴则科技兴，少年强则国家强 。千秋作卷，山河为答，“故今日之责任，不在他人，而全在我少年”。青年是国家的希望，是民族的未来，护卫盛世中华，也全在我青年。在应对国际科技竞争、实现高水平科技自立自强、建设世界科技强国开启新征程之际，激发青少年好奇心、想像力、探求欲，培育具备科学家潜质、愿意为科技事业献身的青少年，展现“人人皆可成才、人人尽展其才”的生动局面，是实现中华民族伟大复兴的中国梦之希望所在，也是支撑科技强国建设的核心要素之一。

གླིགས་བམ་ཁ་ཟུམ་སྟེ་ཞིབ་ཏུ་བསམ་བློ་རིར་བཏང་ན། འཛམ་གླིང་སྐྱེ་བོ་ཀུན་གྱིས་དོ་སྣང་བྱེད་པའི་ཚན་རྩལ་གྲུབ་འབྲས་རེ་རེའི་རྒྱབ་ཏུ། རབ་དང་རིམ་པའི་ཚན་རྩལ་ལས་བྱེད་པས་དཀའ་སྤྱད་འབད་བརྩོན་བྱས་ནས་བསྐྲུན་པའི་མཐུག་ཅིང་ལྗི་བའི་རྨང་རྫོ་རེ་རེ་ཡོད། ཁོ་ཚོ་ཚན་རྩལ་གྱི་ཡང་རྩེར་འཛེག་པའི་དཀའ་ཚེགས་ཆེ་བའི་འགྲུལ་བཞུད་ཁྲོད་དུ། འཛམ་གླིང་རིམ་པའི་དཀའ་གནད་མང་པོ་སེལ་ཏེ། འཛམ་གླིང་གི་ཚན་རྩལ་ཡར་ཐོན་དང་མིའི་རིགས་ཀྱི་ཤེས་རིག་གོང་དུ་འཕེལ་བར་རང་རེའི་རྒྱལ་ཁབ་ཆེན་པོའི་སྟོབས་ཤུགས་ཕུལ་ཏེ། རང་རྒྱལ་གྱི་ཚན་རྩལ་ཆུ་ཚད་དེ"རྗེས་སུ་རྒྱུག་པ"ནས"མཉམ་དུ་རྒྱུག་པ"དང་ལག་རྩལ་ཁྱབ་ཁོངས་ཁག་ཅིག་གི"སྔོ་ཁྲིད་རྒྱུག་པ"བར་གྱི་ཚད་བཀལ་དང་མཆོང་སྐྱོད་མངོན་འགྱུར་བྱུང་བ་དང་། རྒྱལ་སྲིད་སྟོབས་པ་བསྐྱེད་པ་དང་འཛམ་གླིང་ཏང་སངས་དགོས་པའི"རྒྱལ་ཁབ་ཀྱི་མིང་བྱང"སྟེ་གུང་གོའི་མི་བཞུགས་འཛིན་རྟེན་འཕུར་སྐྱོད་དང་། གུང་གོའི་རྨང་གཞིའི་གློག་བཀོད་འཛུགས་སྐྲུན། གུང་གོའི་མྱུར་བགྲོད་ལྕགས་ལམ། གུང་གོའི་བྱང་སྐར་སྲུན་བདུན། གུང་གོའི་གློག་རྩལ་ཆོང་དོན། གུང་གོའི་ནུས་རྒྱུ་གསར་པའི་རླངས་འཁོར། གུང་གོའི་རིམ་འདས་རྩིས་རྒྱག་སོགས་བྱུང་སྟེ། གུང་གོའི་ཞིབ་ཚད་དང་གུང་གོའི་མྱུར་ཚད། གུང་གོའི་མཐོ་ཚད་བཅས་མངོན་པར་མཚོན་ཡོད། འོན་ཀྱང་མིག་སྔར་གྱི་རིམ་པ་གསར་པའི་ཚན་རྩལ་གསར་བརྗེ་དང་ཐོན་ལས་འཕོ་འགྱུར་བྱ་འཕུར་བ་ལྟར་གོང་དུ་འཕེལ་བཞིན་ཡོད་པ་དང་། རིག་གཞུང་ཚན་ཁག་བསྡོལ་བསྡེབས་མཉམ་འདྲེས་ཟམ་མི་ཆད་པར་འཕེལ་རྒྱས་སུ་འགྲོ་བ། ཚན་རིག་ལག་རྩལ་དང་དཔལ་འབྱོར་སྤྱི་ཚོགས་འཕེལ་རྒྱས་ཀྱི་མཉམ་འདྲེས་ཇེ་མགྱོགས་སུ་སོང་བའི་སྐབས་ཀྱིས། འཛམ་གླིང་གི་ཚན་རྩལ་སྟོབས་ལྡན་རྒྱལ་ཁབ་འཛུགས་སྐྲུན་བྱེད་པའི་རྒྱང་སྐྱོད་ཀྱི་ལམ་བུ་གསར་པའི་སྟེང་དུ། གལ་ཏེ་ཚན་རྩལ་གྱི་རྗེས་སྐྱོད་སྟོབས་ཤུགས་ནུས་པ་ཆེན་པོ་མེད་པ་དང་། ཤིང་ཟད་མེ་བརྒྱུད་དང་རྙིང་ཚབ་གསར་མཐུད་ཀྱི་འཕར་རྩ་འགྲུལ་རྒྱུར་མེད་ཚེ། འབྱུང་འགྱུར་འཕེལ་རྒྱས་ཀྱི་ལམ་བུར་དཀའ་ངལ་མང་པོ་འཕྲད་སྲིད་ངེས།

ཇི་སྐད་དུ། ན་ཆུང་དར་ན་ཚན་རྩལ་དར། ན་ཆུང་སྟོབས་ན་རྒྱལ་ཁབ་སྟོབས་ཞེས་དང་། ལོ་ངོ་སྟོང་ཕྲག་རིང་དུ་བྲིས་པའི་རི་མོ། དོན་གྱི་བརྗོད་བྱར་རི་དང་གཙང་པོ་ཡིན་ཞེས་དང་། "དེར་བརྟེན་དེ་རིང་གི་འགན་འཁྲི་ནི་མི་གཞན་ལ་མེད། ངེད་ན་གཞོན་ཡོངས་ལ་ཡོད"ཅེས་པ་བཞིན། ན་གཞོན་ནི་རྒྱལ་ཁབ་ཀྱི་རེ་བ་ཡིན་པ་དང་། མི་རིགས་ཀྱི་མ་འོངས་པ་ཡིན་པས། བསྐལ་བཟང་དུས་ཀྱི་གུང་ཧྲ་སྲུང་སྐྱོང་བྱ་རྒྱུ་དེའང་ང་ཚོའི་ན་གཞོན་འགན་དུ་བབས་ཡོད། དེ་ཡང་རྒྱལ་སྤྱིའི་ཚན་རྩལ་འགྲན་རྩོད་ལ་ཁ་གཏད་འཛུལ་བ་དང་། ཆུ་ཚད་མཐོ་བའི་ཚན་རྩལ་རང་ཚུགས་རང་སྟོབས་མངོན་འགྱུར་བྱུང་བ། འཛམ་གླིང་གི་ཚན་རྩལ་སྟོབས་ལྡན་རྒྱལ་ཁབ་འཛུགས་སྐྲུན་བཅས་ཀྱི་རྒྱང་སྐྱོད་ལམ་བུ་གསར་བ་འབྱེད་པའི་དུས་སུ། གཞོན་ནུ་ལོ་ཆུང་རྣམས་ཀྱི་ཁྱད་མཚར་བོའི་སྣང་བ་དང་། བསམ་པའི་བཀོད་ཤུགས། འཚོལ་ཞིབ་འདོད་པ་བཅས་སྐྱུལ་སློང་བྱས་ཏེ། ཚན་རིག་པའི་མི་མངོན་པའི་ནུས་པ་ལྡན་པ་དང་ཚན་རྩལ་བྱ་གཞག་གི་ཆེད་དུ་ནུས་ཤུགས་གང་ཡོད་འདོན་པའི་གཞོན་ནུ་ལོ་ཆུང་སྐྱེད་སྲིང་བྱེད་པ། "མི་ཚང་མ་ཤེས་ལྡན་པར་འགྱུར་ཐུབ་པ་དང་མི་ཚང་མས་རང་ཉིད་ཀྱི་འཛོན་ཐང་འདོན་ཐུབ་པའི"གསོན་ཉམས་ལྡན་པའི་རྣམ་པ་མངོན་པ་བྱ་རྒྱུ་དེ་ནི་གུང་ཧྲ་མི་རིགས་ཆེན་པོ་བསྐྱར་དར་གྱི་གུང་གོའི་ཕྱོགས་འདུན་མངོན་འགྱུར་བྱེད་པའི་རེ་བ་ཡིན་ལ། ཚན་རྩལ་སྟོབས་ལྡན་རྒྱལ་ཁབ་འཛུགས་སྐྲུན་ལ་འདེགས་སྐྱོར་བྱེད་པའི་རྩ་བའི་རྒྱུ་རྐྱེན་གཙོ་བོའི་གྲས་ཤིག་ཀྱང་ཡིན་ནོ། །

孩子们，我们下一辑再见啦

ཕྲུག་པ་ཚོ། ང་ཚོ་དེབ་ཕྲེང་རྗེས་མར་མཇལ་ཡོང་།